飞行技术专业系列教材

航空燃气涡轮动力装置

第 2 版

主 编　傅　强　　左渝钰

西南交通大学出版社
·成　都·

内 容 提 要

本书根据中国民航新的 CCAR-61 部对航线运输机驾驶员的要求，参照国内外同类院校本课程教学要求编写而成。主要阐述了现代航空燃气涡轮动力装置的基本组成、特点及工作性能，介绍了涡喷、涡扇、涡桨和涡轴发动机的工作特点和总体性能，典型民用燃气涡轮发动机的启动程序和辅助动力装置。

本书可作为民航飞行技术专业学生教材，也可作为民航其他专业工程技术人员的参考书。

图书在版编目（ＣＩＰ）数据

航空燃气涡轮动力装置 / 傅强，左渝钰主编. —2版. —成都：西南交通大学出版社，2016.7（2024.6 重印）
ISBN 978-7-5643-4503-7

Ⅰ. ①航… Ⅱ. ①傅… ②左… Ⅲ. ①航空发动机 – 燃气轮机 – 动力装置 – 高等学校 – 教材 Ⅳ. ①V235.1

中国版本图书馆 CIP 数据核字（2016）第 008663 号

航空燃气涡轮动力装置
    第 2 版
主编　傅　强　左渝钰

责 任 编 辑	孟苏成
封 面 设 计	刘海东
出 版 发 行	西南交通大学出版社 （四川省成都市金牛区二环路北一段 111 号 西南交通大学创新大厦 21 楼）
营 销 部 电 话	028-87600564　028-87600533
邮 政 编 码	610031
网　　　　址	http://www.xnjdcbs.com
印　　　　刷	四川森林印务有限责任公司
成 品 尺 寸	185 mm×260 mm
印　　　　张	13.5
字　　　　数	304 千
版　　　　次	2016 年 7 月第 2 版
印　　　　次	2024 年 6 月第 16 次
书　　　　号	ISBN 978-7-5643-4503-7
定　　　　价	36.00 元

课件咨询电话：028-81435775

总　序

民航是现代综合交通运输体系的有机组成部分，以其安全、快捷、通达、舒适等独特优势确立了独立的产业地位。同时，民航在国家参与经济全球化、推动老少边穷地区发展、维护国家统一和民族团结、保障国防和经济安全、加强与世界不同文明沟通、催生相关领域科技创新等方面都发挥着难以估量的作用。因此，民航业已成为国家经济社会发展的战略性先导性产业，其发达程度直接体现了国家的综合实力和现代化水平。

自改革开放以来，我国民航业快速发展，行业规模不断扩大，服务能力逐步提升，安全水平显著提高，为我国改革开放和社会主义现代化建设做出了突出贡献。可以说，我国已经成为名副其实的民航大国。站在新的历史起点上，在2008年的全国民航工作会议上，民航局提出了全面推进建设民航强国的战略构想，拉开了我国由民航大国迈向民航强国的序幕。

要实现民航大国向民航强国的转变，人才储备是最基本的先决条件。长期以来，我国民航业发展的基本矛盾是供给能力难以满足快速增长的市场需求。而其深层次的原因之一，便是人力资源的短缺，尤其是飞行、空管和机务等专业技术人员结构不合理，缺乏高级技术、管理和安全监管人才。有鉴于此，国务院在《关于促进民航业发展的若干意见》中明确指出，要强化科教和人才支撑，要实施重大人才工程，加大飞行、机务、空管等紧缺专业人才的培养力度。

正是在这样的大背景下，作为世界上最大的航空训练机构，作为中国民航培养飞行员和空中交通管制员的主力院校，中国民航飞行学院以中国民航可持续发展为己任，勇挑历史重担，结合自身的办学特色，整合优势资源，组织编写了这套"飞行技术专业系列教材"，以解当下民航专业人才培养的燃眉之急。在这套教材的规划、组织和编写过程中，教材建设团队全面贯彻落实《国家中长期教育改革和发展规划纲要（2010—2020年）》，以培养适应民航业岗位需要的、具有"工匠精神"的应用型高素质人才为目标，创新人才培养模式，突出民航院校办学特色，坚持"以飞为主，协调发展"的方针，深化"产教融合、校企合作"，强化学生实践能力培养。同时，教材建设团队积极推进课程内容改革，在优化专业课程内容的基础上，加强包括职业道德、民航文化在内的人文素养教育。

由中国民航飞行学院编写的这套教材，高度契合民航局颁布的飞行员执照理论考试大纲及知识点要求，对相应的内容体系进行了完善，从而满足了民航专业人才培养的新要求。可以说，本系列教材的出版恰逢其时，是一场不折不扣的"及时雨"。

　　由于飞行技术专业涉及的知识点多，知识更新速度快，因此教材的编写是一项极其艰巨的任务。但令人欣喜的是，中国民航飞行学院的教师们凭借严谨的工作作风、深厚的学术造诣以及坚韧的精神品质，出色地完成了这一任务。尽管这套教材在模式创新方面尚存在瑕疵，但仍不失为当前民航人才培养领域的优秀教材，值得大力推广。我们相信，这套教材的出版必将为我国民航人才的培养做出贡献，为我国民航事业的发展做出贡献！

　　是为序。

中国民航飞行学院教材

编写委员会

2016 年 7 月 1 日

再版前言

　　本书是根据中国民航飞行技术专业的培养目标编写，第 1 版于 2004 年 2 月出版。第 2 版根据中国民航飞行学院 2010 年审定通过的"航空动力装置"教学大纲和中国民用航空规章 61 部（CCAR-61），即《民用航空器驾驶员和飞行教员合格审定规则》的要求，补充了 2005 年 2 月由中国民用航空局飞行标准司审议通过的《航线运输驾驶员执照理论考试知识点》新增加的内容，并参照了国内外同类院校本课程教学要求后，在第 1 版的基础上重新修订而成。

　　本书共 7 章。第一章介绍了喷气发动机的主要类型，典型燃气涡轮动力装置的基本组成及工作，推力的定义及分布；第二章阐述了燃气涡轮发动机主要部件的工作；第三章着重介绍了燃气涡轮发动机的主要参数及性能；第四章介绍了民用飞机常见动力装置的特点；第五章及第六章对典型燃气涡轮发动机的工作系统及启动程序进行了介绍。第七章介绍了辅助动力装置。

　　在本书的编写过程中，力求在简要介绍单转子燃气涡轮发动机基本工作的基础上，着重介绍双转子涡扇发动机的工作及性能；注重阐述基本概念，尽量避免繁琐的数学公式推导，突出航线飞行实际应用，结合典型实例分析，树立安全意识，以期能反映当前国内外实际情况和先进水平。希望通过本书的学习，能使读者了解航空燃气涡轮动力装置的基本组成及工作原理，理解主要性能，掌握燃气涡轮发动机的使用方法。本书适用于民航飞行技术专业学生，也可作为民航其他专业工程技术人员的参考书。

　　本书第 1 版由中国民航飞行学院赵廷渝教授编著。第 2 版教材对第 1 版部分章节进行了修订，增加了第七章辅助动力装置。全书由傅强统稿，赵廷渝主审。动力工程教研室侯甲栋老师参与了本次教材的修订，航空工程学院、飞行技术学院和教务处对本书的编写提供了许多帮助，在此一并致谢。

　　限于作者的理论水平和实践经验，书中定有疏漏及不当之处，欢迎读者批评指正。

作　者
2016 年 1 月于中国民航飞行学院

目 录

绪　论

　　1903 年 12 月 17 日，来特兄弟驾驶"飞行者 1 号"成功实现载人动力飞行时，发动机的功率只有 12 马力*。随着飞机广泛应用在军事、运输领域，航空工业尤其是民用航空运输业得到了迅速发展，人们对飞机的性能提出了更高的要求，如作战飞机较高的机动性，民用飞机较好的经济性及可靠性等。飞机飞行性能的提高，在很大程度上取决于动力装置的发展，航空活塞发动机因其固有缺陷越来越满足不了现代飞机的性能要求，人们需要质量更小，推力更大，速度、高度性能更好，能满足不同飞机性能要求的动力装置。实践证明，燃气涡轮发动机能满足这些性能要求。

　　早在我国南宋时期（公元 1127—1279 年），人们就发现了喷气推进原理及燃气膨胀做功原理，制造出精妙绝伦的手工艺品（如火箭、走马灯等）。走马灯就是利用燃烧所产生的上升热气，推动纸叶轮，使装在叶轮轴上的纸影旋转，如图 0-1 所示。其工作原理是现代燃气涡轮发动机的雏形。然而人们真正将喷气推进原理成功地运用于实践，则始于 20 世纪初，20 世纪中叶才广泛运用于航空领域。1913 年法国工程师雷恩·罗兰获得一项冲压式喷气发动机的专利（见图 0-2）。由于当时技术条件限制，没有合适的耐热材料，同时喷气推进在当时飞机的低速度下效率也极低，所以当时这种发动机根本无法制造和使用。然而，今天的冲压喷气发动机与罗兰的构想非常相似。1930 年英国的弗兰克·惠特尔取得燃气涡轮发动机的专利（见图 0-3），这是现代燃气涡轮发动机的基础。德国的奥海因后来居上，1939 年 8 月 27 日由他设计并制造成功的燃气涡轮发动机 Hes-3B 装在

图 0-1　燃气涡轮的始祖-走马灯

_____

　　* 马力为非法定计量单位，1 马力（hp）= 735.499 W。

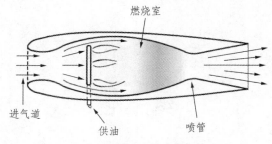

图 0-2 罗兰型喷气发动机

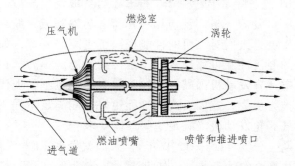

图 0-3 惠特尔型的一种涡轮喷气发动机

He-178飞机上，并在法国首次试飞成功。此后美国、苏联相继从英、德引进燃气涡轮发动机技术，燃气涡轮发动机得到各国的普遍重视。1953年装涡喷发动机的美国"超佩刀"F-100战斗机首次突破音障，实现了超音速飞行。1976年美国的战略侦察机"黑鸟"SR-71创造了涡轮喷气发动机飞机的速度世界纪录——3 529.56 km/h。1977年，苏联的米格-25"蝙蝠侠"截击/战略轰炸机创造了涡轮喷气发动机飞机的升限世界纪录——37 650 m。

　　最早装燃气涡轮发动机的民航机是英国的"子爵"号，它装有4台"达特"涡桨发动机，1950年投入航线飞行。第一架装涡轮喷气发动机的民航机是英国的"彗星"号，它装有4台涡喷发动机，1952年投入航线使用。虽然在两年内因疲劳裂纹，"彗星"号连续3次失事，但已经显示了喷气民航机的优越性，它的教训使以后的喷气民航机得以避免出现类似的问题。以后，在航线上使用的喷气民航机相继有：苏联的图104（1956年），美国的波音707（1958年）、DC-8和康维尔880/990等，这些可以称为第一代喷气民航机。喷气民航机的出现是民航史上的一大飞跃，它不仅将民航机的速度提高了近两倍，而且使飞行高度提高到11 km左右。飞机可在平流层飞行，增加了飞机的安全性和舒适性。

　　从1956年起，喷气民航机数量日增，逐渐成为民航运输的主力。尤其到了20世纪60年代，涡轮风扇发动机相继研制成功。这种发动机耗油率低，噪声小，使喷气民航机变得更加经济和舒适，大大促进了民航运输业的发展。20世纪70年代以后，随着高涵道比涡扇发动机的研制成功和性能的完善，相继出现了各种宽机身喷气民航机，有效提高了飞机的载客量和可靠性，从此民用航空业进入全面发展的新时期。现在，各种类型的燃气涡轮发动机已占据飞机动力装置的垄断地位。喷气式民航机的发展改变了交通运输的结构，飞机已成为与国民经济和人民生活息息相关的交通工具。近40年来，空运成本不断下降，规模迅速扩大，形成遍布全世界的航线网。

由于发动机的工作对飞行安全和效益起着决定性作用，所以航线运输机上的燃气涡轮发动机应满足以下基本性能要求：

一、发动机推力大，质量小

在发动机质量一定时，发动机发出尽可能大的推力，尤其是起飞推力，可有效改善飞机的起飞、复飞及爬升性能。涡喷、涡扇发动机常用推重比（推力/重量）来描述发动机的轻重，涡桨、涡轴发动机常用重功比（重量/功率）来描述发动机的轻重。

二、发动机燃油消耗率低

在一定的飞行条件下，发动机燃油消耗率越低，发动机工作效率越高，经济性就越好，航线飞行载油量可相对减少，从而降低运行成本。

三、发动机应具有较好的高空和速度性能

民航机虽不及军用战斗机对飞机的高度、速度性能的要求高，但由于旅客对交通运输快捷、安全、舒适的要求，从而对民航机的高度、速度性能也提出了一定的要求。一方面，飞机应能爬升到 11 000 m 左右，随着高度上升，大气温度降低，可提高发动机的工作效率，改善发动机经济性，同时，在平流层飞行，气象条件较稳定，增加了飞机的安全性和舒适性。另一方面，在确保发动机工作效率的条件下，应尽可能提高飞行速度、缩短飞行时间。目前，高涵道比涡扇发动机能确保飞机在高亚音速范围飞行。

四、发动机结构尺寸要小

发动机的结构尺寸主要是指发动机的迎风面积和长度，适当缩小发动机结构尺寸可减小飞行阻力，减少发动机质量。

五、发动机可靠性要好

发动机可靠性是指在各种气象条件和飞行条件下，发动机稳定、安全工作的品质。描述发动机可靠性的参数是空中停车率（空中停车率＝发动机空中停车数/每千飞行小时）。目前，高涵道比涡扇发动机的空中停车率平均为 0.01～0.03。对跨洋飞行的双发及多发民航机发动机可靠性要求更高，为了保证其安全飞行，美国联邦航空管理局 FAA（Federal Aviation Administration）于 2007 年重新定义 ETOPS 规则并执行（ETOPS 为 Extended Operations 的缩写，中文翻译为"延程飞行"），要求是当双发及双发以上飞机的一台发动机或主要系统发生故障时，要求飞机能在剩余发动机工作的情况下，在规定时间内飞抵最近的备降机场（改航机场 diversion airport）。比如，获得"180 min ETOPS"就是指飞机单发失效的情况下飞往备降机场所需要的时间不能超过 180 min。这就要求

该飞机在航路选择上应满足要求。ETOPS 主要应用在跨洋飞行，因为此时可供选择的备降机场较少，如果没有 ETOPS 能力，意味着飞机需要选择尽量靠海岸线的航路飞行，以确保安全。简单而言，ETOPS 能力越强，意味着航空公司可以利用双发飞机开辟更多的直飞跨洋航线。现代常用民航飞机基本都达到 180 min ETOPS 标准，表 0-1 为部分民航飞机 ETOPS 标准情况。

表 0-1　部分民航飞机 ETOPS 标准

机　型	ETOPS/min	机　型	ETOPS/min
B737-800	180	A320	180
B777	330（2011 年）	A330	240（2009 年）
B787	330（2014 年）	A350XWB	370（2014 年）

对取得 120 min ETOPS 标准，发动机空中停车率必须低于 0.04，取得 180 min ETOPS 标准，发动机空中停车率必须低于 0.02。在 FAA 的新规定中要求空中停车率必须低于 0.01。

六、发动机的环境污染要小

航空发动机的环境污染主要有：排气污染和噪声污染。随着人们环境保护意识的增强，人们对发动机的环境污染提出了更高要求，国际民航组织及各国政府都制定了相应标准及法规。在不断改进发动机性能，确保发动机安全、可靠、经济、稳定工作的同时，应不断减少发动机环境污染水平，逐步达到相应的标准。

七、发动机的使用寿命要长

传统的发动机寿命有翻修寿命和总寿命之分。翻修寿命是指发动机制造厂商规定的从发动机出厂到第一次翻修或两次翻修间的使用期限，总寿命是指发动机经若干次翻修后停止使用时的使用期限。发动机寿命的计算是以记录发动机实际运行时间和发动机热循环次数为基础，以先到的参数为准。发动机制造厂商没有具体规定现代高涵道比涡扇发动机的使用寿命，而是由发动机实际使用中发动机参数的状态监控来确定，若发动机的相关参数在正常范围，则发动机可继续使用，否则，需要翻修。目前，实际运行的发动机中最高使用寿命已超过 2 万小时。所以，在实际使用中发动机的使用寿命与发动机的正确使用和维护密切相关。正确使用和维护发动机不仅可以有效延长发动机的使用寿命，从而大大降低发动机的使用成本。

八、发动机要便于维护

在实际飞行中，发动机维护性的好坏直接影响航班的正常及维护成本。要使发动机便于维护，降低维护成本，对发动机的设计、制造都有相应要求。如发动机的安装位置、单元体设计，零部件的通用性及可换性，零部件的快速拆卸及安装等。

从以上条件可以看出，发动机要同时达到以上指标是极其困难的，有的甚至是相互矛盾的。如要提高发动机推力必然会使发动机的质量、结构尺寸增加；要提高发动机的速度性能势必牺牲发动机的经济性等。发动机制造商通常针对具体飞机发动机的特点，适当侧重，从而使发动机综合性能得到优化。

作为用在航线运输机上的燃气涡轮发动机，在增加推力、减小质量、提高可靠性、减少环境污染、降低燃油消耗率等方面还有很大的潜力。可以想象，今后的喷气民航机将更安全、更舒适、更宁静、更经济。同时，随着人们观念的变化、市场的需求，适合高超音速喷气民航机的动力装置也是未来发动机的发展方向之一。所以，随着航空科学技术的进步，今后喷气民航机的进一步发展将远比以前更深刻地改变人类的生活方式，提高人类的生活质量。

本书共 7 章，分别为绪论、发动机主要部件的工作、发动机性能、民用机常用发动机的特点、发动机工作系统及发动机的启动、辅助动力装置。"航空燃气涡轮动力装置"这门课程是飞行技术专业学生的必修课，通过该课程的学习，为今后取得《航线运输驾驶执照》及从事航线飞行打下必要的理论基础。学习本书内容，应注重理论联系实际，突出安全意识，以确保发动机安全工作，正确使用发动机，充分发挥发动机性能，满足飞行性能要求为知识主线，贯穿各知识点。学习本课程后，应达到下列基本要求：了解燃气涡轮动力装置的基本组成及工作；理解发动机主要部件及工作系统的工作；熟悉发动机性能及大气条件对性能的影响；熟悉发动机常见的不正常工作的原因、现象、危害，掌握预防及处置措施；熟悉常用民航发动机的特点。

复习思考题

1. 简述燃气涡轮发动机发展的历史。
2. 航线运输机对动力装置的要求有哪些？
3. 发动机可靠性的意义是什么？如何描述？
4. 本课程的学习要求是什么？

第一章　喷气发动机概述

第二次世界大战以后，喷气发动机广泛被用作飞机的动力装置。自 20 世纪 50 年代以来，喷气发动机技术有了很大的发展，人们根据不同的需要，研制出了多种类型的喷气发动机，应用在不同用途的飞机上。本章将概略介绍喷气发动机的特点、分类，典型燃气涡轮动力装置的组成及工作，喷气发动机推力等基本概念。

第一节　喷气发动机的特点和分类

一、喷气发动机的特点

喷气发动机是一种将燃料的化学能转换为气体的动能，使气体高速喷出，从而产生推力的动力装置。这种发动机，能够直接利用气体反作用力产生推力，不同于航空活塞发动机必需依赖螺旋桨才能产生拉力。所以，喷气发动机本身既是热机，又是推进器，是热机和推进器合为一体的航空动力装置，它与航空活塞动力装置比较，主要有以下特点：

1. 推力（功率）大，质量小

喷气发动机工作时，气体在发动机内连续燃烧，高速流动，进气量大，单位时间完成的推进功也很大，所以发动机能在较小的外廓尺寸和较小的质量下产生巨大的推力，这是喷气发动机的主要优点之一。如 GE90 发动机在地面起飞工作状态，流经发动机的最大空气流量高达 1 000 kg/s，推力近 40 000 daN。而航空活塞发动机，一方面由于受气缸容积和数目限制，进气量较小，一次进入发动机的空气量只有几千克，另一方面气体在发动机内的能量转换是间断的，发动机完成一次热力循环只有膨胀过程才能输出有效功，同时由于航空活塞发动机曲拐运动系较为复杂，机件的强度限制了曲轴的转速，所以，单位时间内完成的推进功较小。

例如，加拿大普拉特·惠特尼公司生产的 PT6A-61 涡桨发动机功率质量比为 4.55 hp/kg；美国特克斯朗·来康明公司生产的 IO540-C4D5D 航空活塞发动机功率质量比为 1.35 hp/kg。

2. 速度性能好

飞机飞行速度增加时，作用在飞机上的阻力会迅速增大，所以发动机推进力需相应增加。对于热机与推进器合为一体的喷气发动机［见图 1-1（a）］，在相当大的速度范围内发动机推力随飞行速度的增大而不断增大（将在发动机特性中介绍），这正好与高速飞行时飞机的飞行阻力不断增加情况相适应。对于航空活塞动力装置，由于必须依赖螺旋桨产生拉力［见图 1-1（b）］，而螺旋桨拉力随飞行速度增加而迅速减小。同时，就一般螺旋桨而言，当飞行速度超过 700 km/h 时，螺旋桨叶尖处的气流相对速度将接近当地音速而产生激波，使螺旋桨效率急剧降低，从而进一步加剧螺旋桨拉力的减小。所以，在高亚音速及以上速度范围，采用螺旋桨作为推进器是非常不利的。

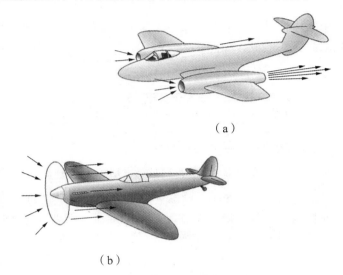

（a）

（b）

图 1-1　螺旋桨和喷气推进

3. 应用广泛

喷气发动机随着结构的改变，可分为很多类型。各种类型的喷气发动机其性能差异很大，可满足各种航天器和飞机的性能需要，在航天、航空领域应用极其广泛。同时，某些燃气涡轮发动机稍加改变还可用于地面火力发电设备、船舶、坦克、石油输送等领域。

虽然喷气发动机有以上诸多的优点，但正如世界上任何事物都有一分为二的两个方面一样，与航空活塞发动机比较，从总体上讲，喷气发动机有以下不足：燃油消耗率偏大、外界条件对发动机工作影响较大、使用成本较高等。所以，在轻型飞机和初教机上仍广泛采用航空活塞发动机。

二、喷气发动机的分类

喷气发动机，根据燃料燃烧时所需要的氧化剂的来源，可分为两大类：一类是火箭发动机，燃料燃烧时所需要的氧化剂是自身携带的；另一类是空气喷气发动机，自身只携带燃料而利用空气中的氧气作为氧化剂。

（一）火箭发动机

火箭发动机本身带有氧化剂，推进剂（燃料和氧化剂）被点燃后在燃烧室中燃烧，化学能转换成热能，生成高温高压的燃气。燃气流经喷管，在管中膨胀加速，热能转换成动能，以极高速度从喷管喷出而产生推进力。由于不需要外界空气来助燃，这种发动机可以在大气层内、外工作。

根据所采用的推进剂不同，火箭发动机又可分为固体火箭发动机和液体火箭发动机两种。

1. 固体火箭发动机

这种发动机采用固体推进剂。例如，黑色火药、聚氨酯、聚丁二烯及复合推进剂等。发动机本体由燃烧室和喷管组成，如图 1-2 所示。

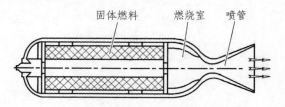

固体燃料　　燃烧室　　喷管

图 1-2　固体燃料火箭发动机

固体火箭发动机结构简单，比冲小（单位重量流量推进剂产生的推力），工作持续时间短，并且推力不易控制，可作为航天器和飞机的助推器，帮助起飞和加速；也可作为战术导弹的主推器，如美国的"麻雀"导弹、"不死鸟"导弹和"响尾蛇"系列导弹等。

2. 液体火箭发动机

这种发动机采用液体推进剂。例如，液氢和液氧，煤油和液氧，偏二甲肼和液氧，偏二甲肼和四氧化二氮等。发动机由燃烧室、喷管、推进剂供应系统等组成，如图 1-3 所示。

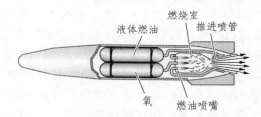

燃烧室　　推进喷管

液体燃油

氧　　燃油喷嘴

图 1-3　液体燃料火箭发动机

液体火箭发动机的比冲长，工作时间较长，可反复启动，推力易控制。可作为航天器、战略导弹的主推器。如美国的"阿波罗"飞船，"民兵"系列导弹，俄罗斯的 SS-18 导弹等。

（二）空气喷气发动机

空气喷气发动机燃料燃烧时所需要的氧气从空气中获得，因而只能在大气层中飞行。空气喷气发动机可分为无压气机式和有压气机式两种。

1. 无压气机式空气喷气发动机

这类发动机，空气的压力提高是通过降低气流自身速度（即冲压作用）来完成的，没有专门的压气机。根据燃料燃烧的特性，它又可分为冲压式和脉动式两种。

1）冲压喷气发动机

它由进气道、燃烧室和喷管组成，没有任何主要的旋转部件，如图 1-4 所示。飞行时，迎面气流在进气道内速度降低，压力、温度升高，然后在燃烧室与燃料混合并燃烧，高温、高压燃气在喷管内膨胀加速，最后向外喷出，产生推力。

飞行速度越高，冲压作用越强，推力也就越大，因而它适合作超音速和高超音速飞行。在低速飞行时，冲压作用弱，产生的推力小，经济性很差。飞行速度为零时（如起飞），根本不能产生推力，所以不能单独使用，必须和其他类型的喷气发动机组合起来使用。

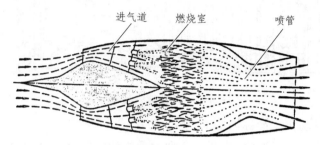

图 1-4　冲压式喷气发动机（罗兰专利）

2）脉动喷气发动机

它由进气道、进气活门、燃烧室和喷管组成，如图 1-5 所示。工作时，进气活门受自身弹簧力和空气冲压作用而处于打开位置，空气经进气活门而进入燃烧室，燃烧后，气体压力升高又将活门关闭。高温、高压的燃气从喷管高速喷出产生推力。燃气向外喷出过程中，燃烧室内的压力降低，活门重新打开，又重复以上过程。

脉动喷气发动机的工作是断续进行的，振动很厉害，进气活门极易损坏，寿命短，因此很少采用。只是在第二次世界大战时，德国法西斯曾在 V-1 导弹上使用过。

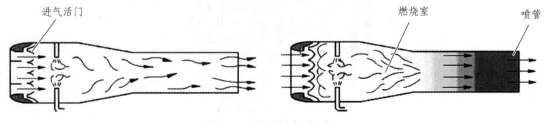

图 1-5　脉动喷气发动机

2. 有压气机式空气喷气发动机

这类发动机的压力的提高，除了通过冲压作用外，主要依靠专门的增压部件——压气机来完成，因都拥有其核心部件——燃气发生器（压气机、燃烧室、涡轮），故统称为燃气涡轮发动机。它又可分为涡轮喷气发动机、涡轮风扇发动机、涡轮螺旋桨发动机和涡轮轴发动机。

1）涡轮喷气发动机（简称涡喷）

涡轮喷气发动机，如图 1-6 所示，由进气道、压气机、燃烧室、涡轮和喷管组成。

发动机工作时，空气经压气机做功，压力提高，随即进入燃烧室与燃料混合并燃烧，燃烧后形成的燃气流入涡轮，涡轮便在高温、高压燃气推动下旋转起来，从而带动压气机工作，燃气最后在喷管中膨胀加速，向外高速喷出而产生推力。

涡喷发动机迎风面积小，具有较好的速度性能，但亚音速经济性差，适宜作超音速战斗机的动力装置。

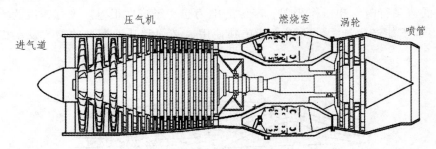

图 1-6　涡轮喷气发动机

2）涡轮风扇发动机（简称涡扇）

涡轮风扇发动机，如图 1-7 所示。这种发动机的空气通路分为内、外两路，所以又叫做双路涡轮喷气发动机，或内外涵涡轮喷气发动机，其中外涵与内涵空气质量流量比为涵道比，用 B 表示。发动机的内涵与涡轮喷气发动机完全相同；外涵中有风扇，由涡轮驱动，它使外涵空气受压缩后加速向后喷出，而产生部分推力。

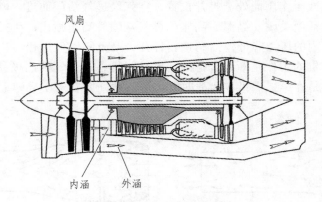

图 1-7　涡轮风扇发动机

涡扇发动机的性能随涵道比的不同差异很大，总的说来，在亚音速段较之涡喷发动机具有更好的经济性，综合性能好。其中，高涵道比涡扇（$B = 4 \sim 10$）适宜作高亚音速大、中型民航机、运输机的动力装置；低涵道比涡扇（$B = 0.2 \sim 0.6$）适宜作超音速战斗机的动力装置。

为了进一步降低高亚音速民航机的运行成本，进一步提高涡扇发动机涵道比，提高发动机经济性，世界上各大发动机制造商竞相研制、开发超高涵道比的涡扇发动机，即螺桨风扇发动机（简称桨扇），如图 1-8 所示。这种发动机采用后置超临界后掠桨扇，其涵道比可高达 20 ~ 60，燃油消耗率可进一步降低 30% ~ 40%，起飞和爬升性能进一步改善。但桨扇发动机目前存在单发推进功率不高，噪声较大，安全保护方面有缺陷等问题，还没有投入实际使用，但是今后高亚音速民航机动力装置发展方向之一。

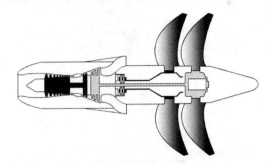

图 1-8　桨扇发动机

3）涡轮螺旋桨发动机（简称涡桨）

涡桨发动机，如图 1-9 所示。这种发动机与涡喷发动机的差异在于涡轮轴除带动压气机外，还需通过减速器带动螺旋桨，发动机工作时，主要由螺旋桨产生拉力；此外，还由喷气的反作用而产生很小的推力。

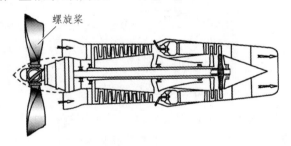

螺旋桨

图 1-9　涡轮螺旋桨发动机

涡桨发动机起飞拉力大，在中、低速飞行时具有较好的经济性，适宜作中、低速支线民航机、运输机和轰炸机的动力装置。

4）涡轮轴发动机（简称涡轴）

涡轴发动机，如图 1-10 所示。这种发动机与涡桨发动机几乎没有多大区别，涡轮分为压气机涡轮和自由涡轮；压气机涡轮带动压气机，自由涡轮通过减速器带动外界负载（如直升机旋翼和尾桨、发电机转子等），发动机工作时，由自由涡轮输出功率。此外，排气装置产生的喷气反作用力几乎可以忽略不计。

涡轴发动机基本上已经演变成一个热机，具有质量小、功率大、经济性好的特点，适宜作直升机动力装置。

燃气涡轮发动机的分类还可根据发动机转子结构分为单转子、双转子和三转子发动机；根据是否加力又可分为不加力和加力式发动机。加力式发动机常采用复燃加力方式和喷水加力方式，目的是进一步增加发动机推力，提高飞机起飞、爬升性能。复燃加力燃烧是在发动机涡轮和喷口之间喷油和燃烧，如图 1-11 所示。这样可进一步释放燃料化学能，从而进一步提高燃气温度和燃气膨胀能力，最终使喷气速度提高，发动机推力增

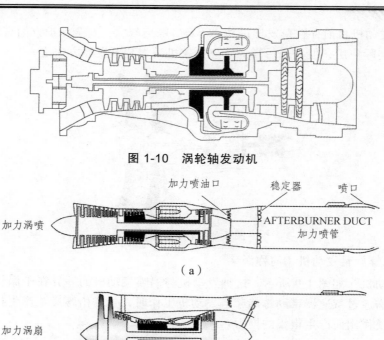

图 1-10 涡轮轴发动机

加力喷油口　　　稳定器　　喷口

加力涡喷

AFTERBURNER DUCT
加力喷管

（a）

加力涡扇

（b）

图 1-11 加力燃烧

加。超音速飞机上的涡喷和低涵道比涡扇发动机常采用这种加力方式；喷水加力燃烧是通过在压气机或燃烧室进口喷水（通常为水和酒精的混合液），从而提高燃气流量和压气机增压比来提高发动机推力。早期燃气涡轮发动机常用这种加力方式。

　　从以上喷气发动机的特点可以看出，任一类型的发动机，都有其工作的局限性。对于超高音速飞机（$Ma = 4 \sim 6$），由于其飞行速度范围很广，单一类型发动机根本无法满足其性能要求，需采用两种发动机组合的组合发动机。如涡喷冲压发动机，涡扇冲压发动机，火箭冲压发动机等。组合发动机可充分发挥各自发动机的优点，满足飞机不同飞行速度段下的推进要求。如涡喷冲压发动机，如图 1-12 所示，低马赫数时（$Ma < 3$），涡喷发动机工作，冲压发动机不工作；高马赫数时（$Ma > 3$），涡喷发动机退出工作，冲压发动机工作。

进口导流叶片
（打开）

可调进气道
（大面积）

可调喷口
（大面积）

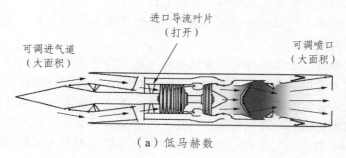

（a）低马赫数

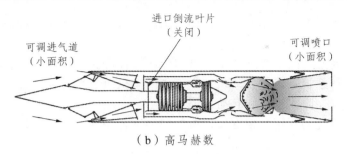

（b）高马赫数

图 1-12 涡喷-冲压组合发动机

第二节 典型燃气涡轮动力装置的一般介绍

在介绍燃气涡轮发动机的工作原理之前，应对动力装置有一个概括了解。本节将介绍典型燃气涡轮动力装置的基本组成及工作、特征截面及能量转换、理想循环等。

一、燃气涡轮动力装置的基本组成及工作

燃气涡轮发动机是一种产生推力的动力装置。组成动力装置的各部件，以及保证它工作的各系统，都是直接或间接地为了产生推力而设置的。下面以单转子涡喷发动机为例，介绍其主要部件、工作系统及一般工作情形，使我们对发动机有一个整体概念，为以后学习其部件的工作及性能打下必要的基础。

发动机的主要部件有：进气道、压气机、燃烧室、涡轮和喷管，如图 1-13 所示。

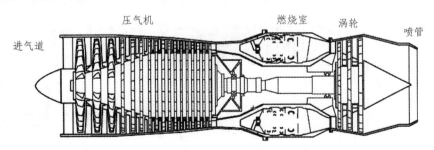

图 1-13 单轴轴流式涡轮喷气发动机

进气道用来引导足够量的空气顺利进入发动机，在飞行中还可通过冲压作用提高气体压力。

压气机用来提高气体的压力，它通过高速旋转的叶轮，对进入压气机的气体做功，达到增压目的。

燃烧室用来组织燃油与空气的混合、燃烧，释放化学能，不断给气体加热，以提高气体温度。

涡轮用来带动压气机转动。涡轮位于燃烧室出口，在高温、高压燃气作用下旋转。

涡轮与压气机同轴连接，涡轮旋转时，即带动压气机转动。同时涡轮还为工作系统提供机械能。

喷管用来使高温、高压燃气膨胀，将部分热能转换成气体的动能，最后高速喷出。

发动机的工作系统是确保发动机正常工作的有机组成部分，主要有：燃油系统、滑油系统、防冰系统、防火系统和起动系统等。

发动机燃油系统的作用是根据发动机油门和飞行条件的变化，计量适当的燃油量，确保发动机工作安全、稳定、可靠。

发动机滑油系统的作用是不断将适当温度的压力滑油送到发动机各摩擦面，起到润滑和散热等作用。

发动机防冰系统的作用是预计当存在发动机积冰的条件时，接通发动机防冰装置，防止发动机积冰，确保发动机正常工作。

发动机防火系统的作用是当发动机出现严重过热或火警时，接通发动机灭火装置进行灭火，防止发动机严重损坏，危及飞行安全。

发动机起动系统的作用是将发动机从静止状态顺利加速到慢车状态，确保启动过程迅速、可靠。

发动机工作时，空气首先由进气道进入压气机，经压气机压缩后，气体压力大大提高。随即进入燃烧室，与喷嘴喷出的燃油混合，并进行连续不断地燃烧，释放出热能，使气体温度大大提高。燃烧后形成的燃气流入涡轮并膨胀，涡轮便在高温、高压气体推动下旋转，从而带动压气机旋转，并为工作系统提供机械能。燃气经涡轮最后进入喷管，继续膨胀，并将部分热能转换成动能，从喷口高速喷出。通过气体对发动机的反作用产生推力。

发动机工作中，气体的压力、温度和轴向速度的变化情形如图 1-14 所示。

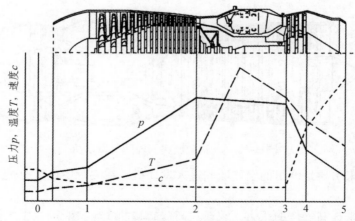

图 1-14　气体流过涡轮喷气发动机时各参数的变化情况

在图 1-14 中，采用下列符号表示发动机的各特征截面：

0-0 为发动机前方未受扰动截面；

1-1 为进气道出口（压气机进口）截面；

2-2 为压气机出口（燃烧室进口）截面；

3-3 为燃烧室出口（涡轮进口）截面；

4-4 为涡轮出口（喷管进口）截面；

5-5 为喷管出口截面。

此外，对双转子发动机，可用 2.5-2.5 表示低压压气机出口（高压压气机进口）截面；可用 3.5-3.5 表示高压涡轮出口（低压涡轮进口）截面；对于涡轮风扇发动机的外涵，可在对应截面后标注 II 表示。每一截面上的气流参数采用与该截面符号对应的阿拉伯数字作为其下标。如涡轮前燃气在总温用 T_3^* 表示，涡扇发动机外涵喷气速度用 c_5 表示，低压涡轮进口燃气总温用 $T_{3.5}^*$ 表示，外界大气压力和温度用 p_0 和 T_0 表示等。

发动机工作时，气体压力、温度和轴向速度的变化是：在压气机中，气体由于受到叶轮压缩，使其压力、温度得到提高，速度略减小。在燃烧室内，由于与燃油混合燃烧，使燃气温度升高，同时因流动损失等原因，燃气压力略有降低，速度略增加。在涡轮中，燃气膨胀做功，压力、温度降低，速度升高。在喷管中，燃气继续膨胀，将热能转换成动能，燃气速度增加，并在喷口处达到最大。根据气体的膨胀程度不同，喷口处气体静压力等于或大于外界大气压力。

发动机在飞机上的安装位置随飞机类型的不同差异很大。战斗机考虑到飞机的隐身性能，发动机常装在飞机两侧翼根处、机腹下或机身内。而民航机则更多考虑到发动机的维护性和飞机总体的平衡和受力要求，发动机采用翼下吊装或装在飞机尾段，如图 1-15、图 1-16 所示。目前，大型民航机较流行采用便于维护的翼下吊装发动机结构，对于这种飞机，需要特别强调的是：由于发动机距地面很近（如 B737-300 在地面停放时，整流罩下边缘距地面只有 0.2 m），而且，高涵道比涡扇发动机工作时进气量很大（尤其在大功率状态时）。这样，一方面，地面外来物容易被吸进发动机，损坏发动机风扇叶片；另一方面，发动机尤其是其前方区域，容易对地面人员造成伤害。所以，对这种飞机，应保持其发动机前方区域清洁，尤其是当发动机地面启动时，应严格遵守发动机地面危险区域限制，确保地面安全。

图 1-15　翼下吊装发动机

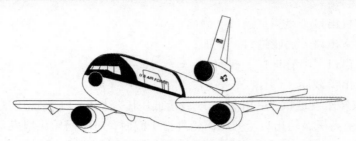

图 1-16　机尾和翼下安装发动机

二、布来顿循环

涡喷发动机的理想循环采用布来顿循环，由美国物理学家布来顿在 1872 年首先提出，也称为等压加热循环，如图 1-17 所示，由 4 个热力过程组成：

0→2　绝热压缩过程：完成此过程的部件是进气道和压气机。外界空气在进气道（0→1）和压气机（1→2）中，由于速度冲压和叶轮做功，使其压力提高。

2→3　等压加热过程：完成此过程的部件是燃烧室。理想的情况是将燃油在燃烧室内燃烧视为等压条件下向工质气体加热，使气体温度升高。

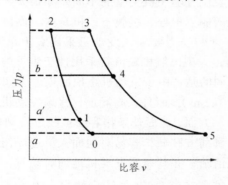

图 1-17　布来顿循环

3→5　绝热膨胀过程：完成此过程的部件是涡轮和喷管。高温、高压燃气在涡轮（3→4）和喷管（4→5）膨胀，将燃气的可用热能转换成涡轮机械功和气体动能，从喷口喷出。

5→0　等压放热过程：此过程在发动机外部大气中完成。

由此构成了一个理想的封闭循环，最终将燃料的热能释放并尽可能转换成气体动能，产生大的推力。

布来顿循环热效率 η 定义为：在理想情况下，加给 1 kg 工质气体的热量与气体动能增量的热当量的比值。公式为

$$\eta_{热} = \frac{\Delta e_K}{q_1} \tag{1.1}$$

经推导可得到下列形式

$$\eta_{热} = 1 - \frac{1}{\pi^{*\frac{k-1}{k}}}$$

（1.2）

式中 π^*——发动机总压比，$\pi^* = p_2^* / p_0$；

k——空气绝热系数。

由此公式可以看出，布来顿循环热效率的大小取决于发动机的总压比。就是说，只决定于在压缩过程中，压力提高的程度。总压比越大，气体被压缩得越厉害，加热后气体具有的膨胀能力越强，可将更多的热能转换成机械功，随喷出的气体散失到大气中去的不可利用的热能越少，热的利用程度越高，故热效率也越高。

如发动机总压比 = 10，循环热效率 = 48.2%；

如发动机总压比 = 20，循环热效率 = 51.5%；

如发动机总压比 = 30，循环热效率 = 62.2%；

如发动机总压比 = 40，循环热效率 = 65.1%。

发动机总压比与循环热效率的关系如图 1-18 所示。

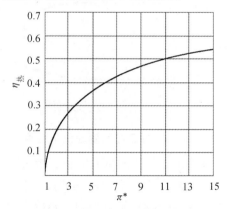

图 1-18　热效率与总压比的关系

发动机的实际工作过程较为复杂，如压缩、膨胀过程并非严格的绝热过程，存在流动损失、散热损失；燃烧过程也并非严格的等压加热，实际加热过程是通过组织燃油与空气燃烧，释放出燃油中的热能而实现的，存在流动损失和热阻损失等。所有这些损失最终都会使气体膨胀能力降低，气体在发动机中的动能增量减小。所以，实际发动机的热效率更低。为了提高其热效率，除主要提高发动机的总压比外，还须尽可能降低发动机各工作过程的损失。

布来顿循环是燃气涡轮发动机工作的基础，燃烧过程在等压条件下完成，这样，可确保发动机工作过程的连续性，避免了在封闭气缸中燃烧产生的巨大的峰值压力，从而使燃气涡轮发动机可采用轻结构的燃烧室和低辛烷值的燃油（如航空煤油）。同时，燃气涡轮发动机组织稳定的燃烧较活塞发动机困难。

<h1 style="text-align:center">第三节   喷气发动机的推力</h1>

喷气发动机不同于航空活塞发动机，它既是热机，又是推进器。作为热机，它把燃油释放的热能转换成机械能，以进出口气体动能差表示；作为推进器，是因为进出口速度的变化，有动量差，因而产生了推力，以提供给飞机克服飞机前进的阻力或使飞机加速。

一、推力的产生

下面我们以冲压喷气发动机为例（见图1-19），说明推力的产生。

发动机在空中工作时，外界空气以飞行速度$v_{飞}$进入发动机，在流过进气道时速度降低，压力升高；随即进入燃烧室，与喷嘴喷出的燃油混合、燃烧，释放出热能，气体温度升高；进而在喷管中膨胀加速；最后以比进口气流速度大得多的速度c_5从喷口喷出。

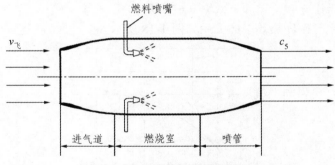

图1-19 冲压喷气发动机示意图

从发动机的工作情形可以看出，气体流过发动机，由流进时的飞行速度$v_{飞}$增加为喷气速度c_5，说明气体流过发动机时产生了向后的加速度。根据牛顿第二定律，任何物体产生了加速度，必然有力作用在这个物体上。所以，既然气体在发动机内产生了向后的加速度，可以断言，发动机一定对气体施加了向后的作用力。根据牛顿第三定律，某物体对另一物体施加作用力，另一物体则同时对某物体给予大小相等、方向相反的反作用力。所以，气体对发动机必然施加向前的反作用力即推力。

事实上，气体流过发动机时，气体受压、受热后，总是试图向四周自由膨胀，而且由于发动机的内壁及部件作用迫使气流沿给定通道流动，最终从喷管喷出。所以，发动机对气体的作用力是通过与气体接触的所有发动机表面对气体的作用实现的，如图1-20所示；反过来，气体对发动机的反作用力是通过作用在发动机所有工作面上的压力而实现的。这些气体压力的轴向合力就是发动机的推力。

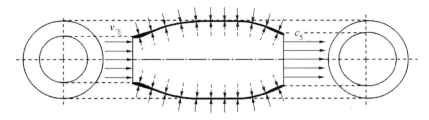

图 1-20 冲压喷气发动机内、外壁所受的力

总的来说，燃气涡轮发动机产生连续推力的原因可归纳为以下 3 点：

（1）因发动机推力是气体对发动机的反作用力，所以从力的角度上讲，发动机推力的产生是发动机与工质（气体）作用与反作用的结果。

（2）因气体在发动机内获得的加速度是由燃油与空气燃烧释放出的热能转换而来，所以从能量角度上讲，发动机推力是能量转换的表现形式，稳定的燃烧是产生推力的能量基础。

（3）因布来顿循环确立了燃气涡轮发动机工作的连续性，所以从热力过程角度上讲，等压循环是产生连续推力的基础。

二、推力公式

由动量方程，可得到下列推力公式

$$R = \dot{m}_{空}(c_5 - v_{飞}) \tag{1.3}$$

将此推力公式展开

$$R = \dot{m}_{空}c_5 - \dot{m}_{空}v_{飞} \tag{1.4}$$

可以看出，第一项为每秒钟流出发动机的气体动量，第二项为每秒钟流进发动机的气体动量，发动机推力等于每秒钟流出发动机的气体动量与流进发动机的气体动量之差。气体流经发动机时，在燃烧室内与加入的燃油混合、燃烧；同时，发动机引气（如用于防冰，空调、增压等）来自于压气机。所以严格地讲，流出发动机时的燃气质量流量等于流入发动机的空气流量加上进入燃烧室的燃油流量，再减去引气系统引出的空气流量，如果忽略引气流量，则简化为

$$\dot{m}_{燃气} = \dot{m}_{空} + \dot{m}_{燃油} \tag{1.5}$$

显然，每秒钟流出发动机时的气体动量则为 $\dot{m}_{燃气}c_5$。此时推力公式修正为

$$R = \dot{m}_{燃气}c_5 - \dot{m}_{空}v_{飞} \tag{1.6}$$

因为发动机的耗油量仅为空气流量的 1% ~ 2%，所以在计算推力时，可以忽略燃油的重量。但是，当发动机引气量较大时，应考虑其对推力的影响（见第三章）。

当气体在发动机中膨胀不完全，喷口处静压力大于大气压力，此时应加上因进、出口压差产生的附加推力（此时因气体不完全膨胀，喷气速度 c_5 较小，发动机推力将减小）。

所以，完整的推力公式为

$$R = \dot{m}_{空}(c_5 - v_飞) + (p_5 - p_0)A_5 \tag{1.7}$$

式中　　R ——发动机推力；

$\dot{m}_{空}$ ——发动机空气质量流量；

c_5 ——喷气速度（轴向）；

$v_飞$ ——飞行速度；

p_5 ——喷口处静压；

p_0 ——大气压力；

A_5 ——喷口截面面积。

由于目前民航机的燃气涡轮发动机中，在发动机绝大多数工作状态下，气体在发动机中是完全膨胀的，喷口处静压力等于大气压力，而且比较起来，此项太小，可以忽略不计。所以，在以后的推力分析中，我们只计第一项。

事实上，由于发动机总是以一定的位置安装在飞机上的，流过发动机的外部气流因流动损失会带来阻力，简称外阻，当飞机作超音速飞行时，还会产生激波阻力。因而有效提供给飞机的推力应扣除这些阻力。由于民航机绝大多数为亚音速飞机，且整流罩设计为流线型，其外阻很小，可忽略不计。所以，准确地说，发动机推力是作用在发动机工作面上的所有气体压力的轴向合力。

由推力公式可以看出，影响发动机推力的参数有：空气质量流量和速度增量。

当气体流过发动机而速度增量不变的情形下，空气质量流量越大，推力就越大，空气质量流量越小，推力也越小。这是因为当气体速度增量一定时，空气质量流量增加，单位时间内有更多的气体获得了相同的速度增量。即有更多的气体获得了加速度，发动机必定给予气体以更大的作用力，气体也必然给发动机以更大的反作用力，因而发动机产生的推力增加；相反，气体质量流量减小，作用力较小，反作用力也较小，因而发动机产生的推力减小。这是目前民航机最常用的高涵道比涡扇发动机提高推力的主要途径之一，同时空气质量流量增加会使发动机外廓尺寸相应增加，发动机迎风阻力也增加。

当气体流过发动机的空气质量流量不变的情形下，气体速度增量越大，推力越大，气体速度增量越小，推力也越小。这是因为当空气质量流量一定时，气体速度增量增大，说明气体流经发动机获得了更大的加速度，发动机必定给予气体以更大的作用力，气体也必然给发动机以更大的反作用力，因而发动机产生的推力增加；相反，气体速度增量减小，说明发动机给予气体的作用力较小，反作用力也较小，因而发动机产生的推力减小。这是目前超音速战斗机最常用的加力涡喷、涡扇发动机提高推力的主要途径之一，同时气体速度增量增加会使发动机油耗增加，发动机经济性变差。

三、推力的分布

以上我们通过动量方程得出了推力公式，因燃气涡轮发动机的推力是作用在发动机工作面上的气体压力的轴向合力，所以我们也可通过计算作用在发动机各工作面上的气体压力的轴向合力得出推力，只是这种方法更为复杂，但能揭示推力在发动机各部件的分布及各部件对推力的影响。由于气体在发动机不同部件压力大小分布及作用方向不同，所以推力在发动机不同部件的分布也不同。下面以某轴流压气机式涡喷发动机在最大连续工作状态下为例（见图1-21），具体说明推力在发动机各部件上的分布：

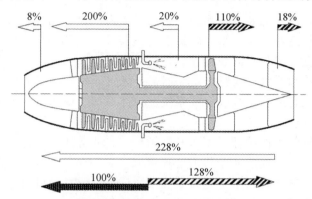

图 1-21 轴流压气机式涡轮喷气发动机推力的分布

1. 向前轴向力（称为正推力）

作用在发动机进气道上的气体轴向力，由于进气道整流罩形状呈扩散型，且进气道的增压作用，所以，作用在进气道整流罩上的气体压力的轴向力是向前的轴向力，占总推力的 8%。

作用在压气机上的气体轴向力，由于压气机叶轮对气体做功，气体在压气机中压力不断升高，所以每一压气机叶片都承受一向前的气体压力。所有叶片承受的轴向力的合力，就是作用在压气机上的向前的轴向力，占总推力的 200%。

作用在燃烧室上的气体轴向力，由于燃烧室头部是扩散型，燃烧室后段略微收敛，但燃烧室进口面积小于出口面积，所以作用在燃烧室上的气体压力总的轴向力是向前的轴向力，占总推力的 20%。

2. 向后轴向力（称为负推力）

作用在涡轮上的气体轴向力，由于气体在涡轮中膨胀，压力不断减低，所以每一涡轮叶片都承受一向后的气体压力。所有叶片承受的轴向力的合力，就是作用在涡轮上的向后的轴向力，占总推力的 110%。

作用在喷管上的轴向力，燃气流进喷管时，由于喷管是收敛型，压力降低，但仍高于大气压力，故作用在喷管上的气体压力轴向合力是向后的轴向力，占总推力的 18%。

发动机各部件上气体轴向力的代数和即发动机推力。

从推力的分布可以看出，对涡喷发动机而言，产生最大正推力的部件是压气机；产生最大负推力的部件是涡轮。需要特别强调的是，对涡轮风扇发动机，由于风扇实际上起着与压气机相同的作用，可以看成是低压压气机的一部分，所以风扇也是产生正推力的主要部件之一。

【本章小结】

　　航空喷气发动机是一种将燃料化学能转换成热能，再把热能转换成气体动能并产生推力的动力装置。它既是热力机，又是推进器，具有质量轻、推力大，速度性能好、应用广泛的优点。

　　目前，涡喷发动机和低涵道比涡扇（带加力）发动机常用在超音速飞机上；高涵道比涡扇发动机常用在高亚音速大型民航机上；涡桨发动机常用在中低速支线民航机上；涡轴发动机常用在直升机和地面装置上。

　　压气机、燃烧室和涡轮组成燃气发生器，是燃气涡轮发动机的核心。

　　发动机工作系统有燃油系统、滑油系统、防冰系统、防火系统和起动系统等，是发动机的有机组成部分。

　　航空喷气发动机的工作循环采用布来顿循环，也叫等压加热循环，由绝热压缩、等压加热、绝热膨胀和等压放热 4 个热力过程组成。影响循环热效率的因素是发动机的总压比。总压比越高，热能的利用率越高，热效率越高，但发动机所承受的负荷也越大。

　　发动机推力是作用在发动机工作面上所有气体压力的轴向合力。流过发动机的空气质量流量越大，速度增量越大，发动机推力也越大。

　　在涡扇发动机主要机件中，风扇和压气机是产生正推力最大的部件，涡轮是产生负推力最大的部件。

复习思考题

　　1. 航空喷气发动机的工作特点有哪些？

　　2. 喷气发动机有哪些类型？各有何用途？

　　3. 布来顿循环由哪些过程组成？循环热效率的影响因素是什么？

　　4. 航空喷气发动机产生连续推力的原因有哪些？涡扇发动机主要机件中的推力分布有何特点？

第二章　发动机主要部件的工作

本章将介绍航空燃气涡轮发动机主要部件的组成及工作；发动机主要部件正常工作时发动机产生推力的条件。飞行员应熟悉发动机主要部件的工作特点，正确使用发动机，确保飞行安全。

第一节　进气道的工作

进气道是指发动机前方未受扰动的气流截面（0－0）与压气机进口截面（1－1）间的管道。发动机工作时，为了确保压气机工作效率，一定的发动机状态对应了一定的压气机进口流速。进气道的作用就是将外部空气整流，并以尽可能小的流动损失将气流引入压气机，满足发动机的工作要求。进气道的工作是否正常，直接影响压气机及其他部件的工作，影响发动机的推力和经济性。

飞机上的进气道分为两类：亚音速进气道和超音速进气道。亚音速进气道用于飞行 $Ma < 1.5$ 的飞机上，这种进气道结构简单，亚音速性能好，目前高亚音速民航机都采用这种进气道。超音速进气道用于飞行 $Ma > 1.5$ 的飞机上，这种进气道可有效减小进气激波损失，超音速性能好，但结构复杂。本书将重点介绍亚音速进气道，对超音速进气道只作简要介绍。

下面首先介绍动力装置对进气道的基本性能要求。

一、对进气道的基本性能要求

1. 气流在进气道中的流动损失小

描述气流在进气道中的流动损失的参数是总压恢复系数，用符号 σ^* 表示，定义为：$\sigma^* = p_1^* / p_0^*$。总压恢复系数越高，气流在进气道中的总压损失越小，气流机械能的损失越小，气流最终在涡轮，喷管中的膨胀能力越强，发动机推力越大，经济性越好。亚音速飞行时，进气道正常工作，σ^* 一般为 $0.94 \sim 0.98$；超音速飞行时，由于存在激波损失，σ^* 要小得多。

2. 外部阻力小

在第一章介绍发动机推力时曾指出：空气流过发动机外部整流罩时会产生外部阻力。在亚音速飞行条件下，凡引起外部气流流速减小的因素都会使发动机外阻增加，这些因素主要有气流摩擦损失和进气道外缘气流分离损失；在超音速飞行条件下，还存在激波阻力。外阻越小，发动机提供给飞机的有效推力越大，经济性越好。

3．压气机进口流场均匀

压气机进口流场均匀是指压气机进口气流参数（如 p，T，c 等）分布（沿径向和周向）均匀，确保压气机工作的稳定性和压气机效率。

4．工作可靠，有效防尘、防冰

进气道位于发动机最前部，尤其对于安装位置较低的发动机，当发动机工作时，外来物极易被发动机吸入，损坏发动机转动部件，甚至引起发动机熄火停车，所以应防止外来物进入发动机，有些中、小功率发动机在结构上设置了防尘装置，如 PT6A-61 涡桨发动机（见图 2-1）、JT8D 涡扇发动机。由于防尘装置工作时会带来功率损失，所以目前大多数涡扇、涡桨发动机没有专门的防尘装置，因此在使用中应注意防止外来物进入发动机。同时，在一定的气象条件下，进气道易结冰，从而危及发动机正常工作，所以进气道应有较完善的防冰装置。

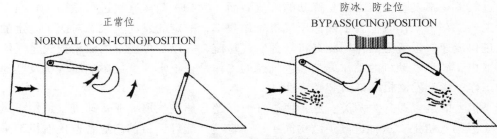

图 2-1　PT6A-61 涡桨发动机进气惯性防冰、防尘装置

二、亚音速进气道的工作

1．速度冲压

亚音速民航机上典型的进气道如图 2-2 所示。因减速和压气机进口流场要求，进气

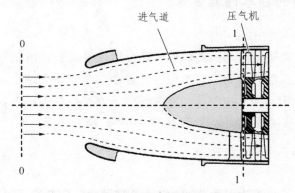

图 2-2　空气流过进气道时的流动示意图

道在发动机内的形状主要呈扩散状，只有进气道尾段才略为收敛。当飞行速度 $v_飞$ 大于压气机进口流速 c_1 时，气流在进气道中流速将减小，压力、温度将升高。这种由于气流本身速度降低而增压的现象叫速度冲压，简称冲压。

当飞机正常飞行时，飞行速度都大于压气机进口气流速度，所以在进气道中都存在冲压。只有当飞机在地面滑行、起飞时，因飞行速度小于压气机进口气流速度，此时才没有冲压。

2. 进气道中的流动损失

空气流过进气道时存在流动损失，包括进气道内的摩擦损失、气流分离损失和激波损失 3 种。

摩擦损失是由于空气具有黏性，与壁面形成的附面层而产生的。空气流过进气道时，摩擦损失的大小，除取决于气流速度以外，还直接与进气道壁面的光滑程度有关。因此，应注意防止碰伤进气道，保持进气道清洁，以免增大气流摩擦损失，引起发动机性能变差。

气流分离损失较为复杂，下面结合气流在进气道中的流动情形加以分析。

当飞行速度大于压气机进口气流速度时（如飞机在巡航时的飞行状态），空气流过进气道时的情形如图 2-3 所示。由于飞行速度大于压气机进口气流速度，仅仅靠在发动机进气道内的减速是不够的，空气在进入发动机前已受到发动机的扰动而预先减速，所以，从 0-0 截面到发动机整流罩口 i-i 截面间的一段流管（在发动机外，为进气道气流工作组成的一部分）呈扩散状（扩散的程度随飞行速度和发动机状态而自动变化）。由于在发动机进气道内的管道开始也呈扩散状，气体压力上升，逆压差作用气流易在发动机整流罩口的外缘形成气流分离，产生气流分离损失，使发动机外阻增加。

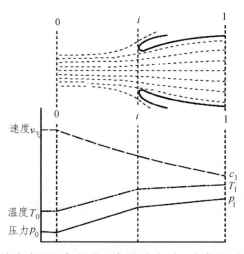

图 2-3　飞行速度大于压气机进口气流速度时，空气流过进气道的情形

当飞行速度小于压气机进口气流速度时（如飞机在地面滑行、起飞状态），空气流过进气道时的情形如图 2-4 所示。由于飞行速度小于压气机进口气流速度，空气在进入发动机前已受到发动机的抽吸作用而预先加速，所以，从 0-0 截面到发动机整流罩口 i-i 截面的流管呈收敛型（收敛的程度随飞行速度和发动机状态而自动变化）。此时气流在发动机整流罩口转折较大，易在发动机整流罩口的内缘加剧气流分离，使总压损失增大，如图 2-5 所示。

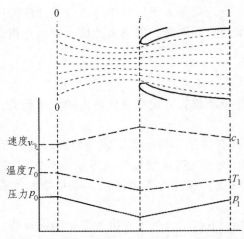

图 2-4　飞行速度大于压气机进口气流速度时，空气流过进气道的情形

当飞机飞行方向与发动机进气道轴线不平行时（如存在侧滑时），空气流过进气道时的情形如图 2-5 所示。此时，由于气流进气时方向转折较大，而引起气流分离加剧，使总压损失增大。

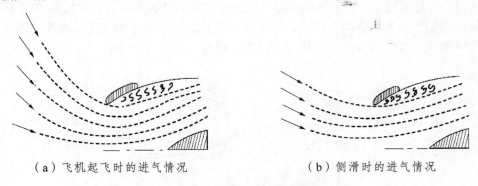

（a）飞机起飞时的进气情况　　　　　（b）侧滑时的进气情况

图 2-5　进气道内气流分离

超音速飞行时，空气以超音速流向进气道。要将超音速气流变成亚音速气流，不可避免地要产生激波，因此，超音速气流流过进气道时，将产生激波损失。

需要指出的是，亚音速飞机作高速飞行时，进气道前缘局部气流可能超过到音速，从而产生局部激波损失。

摩擦损失、气流分离损失和激波损失的存在，使空气中一部分机械能不可逆地转换成热能，使气流总压降低，膨胀能力减小；同时总压的减小还会引起进入发动机的空气流量减小。所以最终使发动机推力降低，经济性变差。我们常用总压恢复系数 σ^* 来描述这种损失的大小。

3．冲压比及影响因素

空气在进气道中的压缩程度可用冲压比表示。常用压气机进口空气总压与大气压力的比值表示冲压比，用符号 $\pi_{冲}^*$ 表示。即

$$\pi_{冲}^* = p_1^* / p_0 \qquad\qquad (2.1)$$

通过空气动力学方程和总压恢复系数 σ^* 的定义，可将冲压比的公式变成

$$\pi_{冲}^* = \sigma^* \left(1 + \frac{k-1}{2} Ma^2\right)^{\frac{k}{k-1}} \qquad\qquad (2.2)$$

式中　　k ——空气绝热系数，$k = 1.4$；

　　　　Ma ——飞行马赫数。

由此可见，冲压比越高，表示空气在进气道中压力提高越大。影响 $\pi_{冲}^*$ 的参数有飞行马赫数（飞行速度和大气温度）和总压恢复系数 σ^*。

大气温度不变，飞行速度增加时，空气流过进气道时速度降低得更多，有更多的气体动能用来提高气体压力，所以飞行速度增大时，冲压比增大。冲压比随飞行速度变化的情形，如图 2-6 所示。

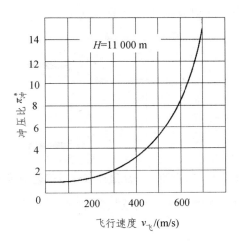

图 2-6　冲压比随飞行速度变化的情形

飞行速度不变，大气温度降低时，空气越易压缩，冲压比增大；反之，大气温度升高时，冲压比减小。飞行高度变化时，在 11 000 m 高度以下，飞行高度升高时，大气温度降低，冲压比增大；在 11 000 m 高度以上，飞行高度改变时，大气温度保持不变，冲压比也保持不变。冲压比随飞行高度变化的情形，如图 2-7 所示。

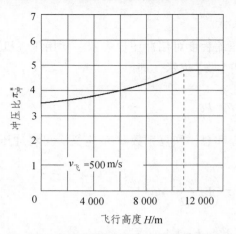

图 2-7　冲压比随飞行高度变化的情形

空气在进气道中的流动损失增大，气体总压减小，冲压作用减弱，冲压比减小。

4. 亚音速进气道在超音速飞行时的工作情形

超音速飞行时，气流在进气道前受到阻滞，将产生一道脱体正激波，如图 2-8 所示。此激波的位置随发动机的空气流量变化可前后移动。超音速气流流过正激波后，速度减小至亚音速，再进入进气道。此时，由于激波强度较大，气体总压损失较大，同时进入发动机的空气流量将减小，所以发动机推力将减小。

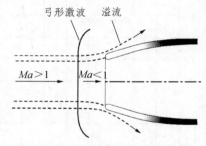

图 2-8　超音速气流流过亚音速进气道的情形

飞行 Ma 增大时，激波强度增大，激波损失增大，所以亚音速进气道只能用在飞行 $Ma \leqslant 1.5$ 的飞机上。

三、超音速进气道简介

当飞机飞行 Ma 超过 1.5 时，亚音速进气道前产生的正激波强度增大，激波损失增大，发动机推力迅速减小。所以，为了减小推力损失，在飞行 $Ma > 1.5$ 的飞机上都采用超音速进气道。

超音速进气道的基本工作原理是：用多激波系代替一道正激波，将超音速气流以尽可能小的总压损失和激波阻力转变成亚音速气流，顺利进入发动机。

目前，超音速进气道有外压式进气道、内压式进气道和混合式进气道 3 种。

外压式超音速进气道如图 2-9 所示，超音速气流流过外压式进气道锥体第一个锥面时，发生转折，产生一道斜激波。由于在同样的 Ma 气流下，斜激波产生的波阻比正激波小，气流经过斜激波后，速度减小，但是仍然为超音速。所以气流流过第二个锥面时，发生转折，产生另一道斜激波。此时，气流速度进一步减小，但仍大于音速。最后，经过一道正激波才将超音速气流转变成亚音速气流，在发动机管道内继续减速增压，流进压气机。

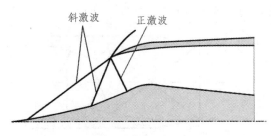

图 2-9　三激波系外压式超音速进气道

这种进气道称为三激波系外压式进气道，它的最佳的激波位置（损失最小）是激波都交于进气道唇口。飞行中可根据飞行条件变化，采取自动调整锥面角和前后移动中心锥体等方法，使激波始终保持在最佳位置。

外压式进气道有双激波系、三激波系、多激波系等不同形式。不同飞行马赫数下各激波系的总压恢复系数 σ_{max}^{*} 如图 2-10 所示。

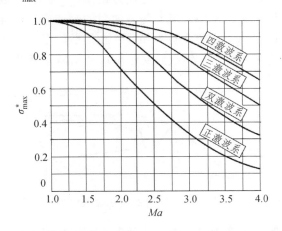

图 2-10　激波系最高总压恢复系数随飞行 Ma 变化的情形

由此可以看出，在一定的飞行马赫数下，激波系的激波数目增多，每一激波的强度尤其是结尾正激波因波前的气流马赫数降低而使其强度减弱，最终总压损失将减小；但激波数目增多，超音速气流的转折角较大，进气道整流罩扩散度加大，造成外部阻力增大。所以，对于装外压式进气道的超音速飞机，应从得到最大有效推力角度，选择最有利的激波系。一般来说，飞机飞行马赫数越大，选取的激波数也相应多些。

内压式超音速进气道如图 2-11 所示，这种进气道的管道呈收敛扩散型，外形上类似于一个倒置的拉瓦尔喷管。在理想情况下，超音速气流流过内压式进气道时在收敛段逐渐减速，在喉部减至音速，然后在扩散段继续减速为亚音速气流。可以认为，在管道内不存在激波，也没有激波损失。但实际情形是，由于通道面积是按设计的高飞行马赫数给定的，所以当实际飞行马赫数没有达到设计飞行马赫数时，通道面积就显得过小。所以，当飞机增速到超音速时，气流总是在进气道前受到阻滞，产生一道脱体激波，造成很大的总压损失，而且只有当飞行马赫数大于设计马赫数时，此激波才可能被发动机吸入稳定在扩散段。这就是内压式进气道的"启动"问题。

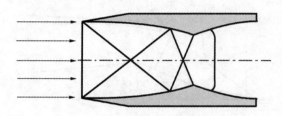

图 2-11　内压式超音速进气道

内压式进气道工作效率高，外部阻力小，但存在"启动"问题，而且到目前为止还没有找到好的克服方法，所以，目前超音速飞机上还没有单独采用这种进气道。

混合式超音速进气道如图 2-12 所示。混合式超音速进气道是由外压式和内压式两种超音速进气道综合而成，因此，兼有外压式和内压式两种超音速进气道工作的特点。超音速气流流过混合式超音速进气道时，首先流过锥体时产生斜激波系，气流经过斜激波系后，速度减小，但仍然为超音速气流，经减速后的超音速气流在收敛段继续减速，在最小面积处（喉部）达到音速，然后略为加速，在扩散段经一道正激波后气流降为亚音速。这种进气道最佳的激波位置是斜激波交于唇口，结尾正激波位于扩散段。

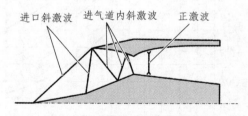

图 2-12　混合式超音速进气道

混合式超音速进气道外形比较平直，外部阻力小；结尾正激波强度弱且易稳定，总压损失小，"启动"容易。所以这种进气道在性能上较外压式和内压式有明显的优点，是目前超音速飞机上使用最广泛的一种进气道。

目前，有的超音速飞机采用二元进气道，如图 2-13 所示。这种进气道产生斜激波的不是中心锥而是斜板。这种进气道进气量更大，且外形易于同飞机机腹、翼下、翼侧形状匹配，所以广泛用在发动机位于飞机机腹、翼下、翼侧的超音速飞机上。

图 2-13　二元超音速进气道

第二节　压气机的工作

　　压气机的作用是提高空气的压力，为燃气膨胀做功创造有利条件，也就是使燃料燃烧后放出的大量热能，能够更好地被利用，从而改善发动机的经济性，增大发动机推力。压气机是燃气涡轮发动机中的核心部件，其工作的好坏直接影响发动机的性能及稳定性。作为动力装置对压气机的基本性能和要求有：增压可靠，工作稳定性好；具有较完善的自动防喘性能；可为飞机空调增压，飞机、发动机防冰及飞机其他系统提供充足的气源。

一、压气机的类型与基本组成

　　根据气流在压气机中的流动方向，可将压气机分为两类：气流沿离开叶轮中心方向流动的叫做离心式压气机；气流沿与叶轮轴平行方向流动的叫做轴流式压气机。此外还有轴流式与离心式压气机混合而成的混合式压气机。目前，使用最广泛的是轴流式压气机，本书将作主要介绍。

1. 离心式压气机

　　离心式压气机是早期燃气涡轮发动机常用的形式，它由进气装置、叶轮、扩压器和集气管 4 部分组成。压气机轴与涡轮轴相连。有的发动机为了增大进气量，常采用双面进气的叶轮。典型离心式压气机的主要部件如图 2-14、2-15 所示。

　　空气首先进入进气装置，在进口导流叶片作用下，气流沿叶轮转动方向产生速度分量，确保气流顺利进入叶轮。然后气流进入叶轮的前部——导风轮，导风轮叶片沿叶轮旋转方向向前弯曲，便于将气流导引进入叶轮。气流在离心力作用下被甩向叶轮外缘，由于高速旋转的叶轮对气体做功，所以气体流经叶轮时压力、速度大大提高。

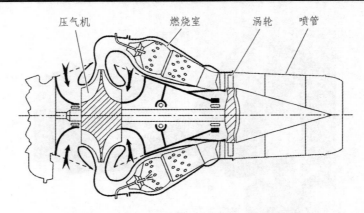

图 2-14　离心式压气机-涡轮喷气发动机

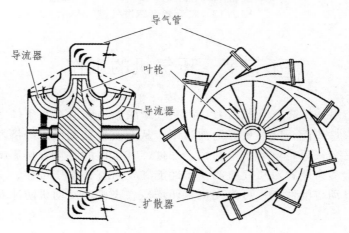

图 2-15　离心式压气机

气流从叶轮流出后，进入扩压器。扩压器通道呈扩散状且有导流叶片导流，气流在扩压器内减速增压，最后进入集气管进一步扩压，进入燃烧室或下一级离心压气机的进气装置处。所以，离心压气机是利用离心增压和扩散增压原理来提高气体压力的。

离心式压气机具有单级增压比高（可达 12 左右），结构简单，性能较稳定等优点；但也存在工作效率较低，迎风面积大，空气流量小等缺点。所以，目前单独使用离心式压气机的燃气涡轮发动机已不多，但在中、小功率的涡桨及涡轴发动机上，还广泛采用轴流式与离心式混合而成的混合式压气机，如图 2-16 所示，前面几级采用轴流压气机，离心压气机作为最后一级。这种结构充分吸收了两种压气机的优点，得到广泛的应用，如 PT6A-61 涡桨发动机。

2.　轴流式压气机

轴流式压气机的基本组成是静子和转子，如图 2-17 所示。静子由多排叶片组成，这些叶片叫做整流叶片，由一排整流叶片组成的圆环叫做整流环，各整流环固定在机匣上。转子由多排叶轮组成，每一排叶轮上固定了许多工作叶片，压气机叶轮最终通过叶轮轴与涡轮的工作叶轮轴相连，并由涡轮带动高速旋转，如图 2-18 所示。

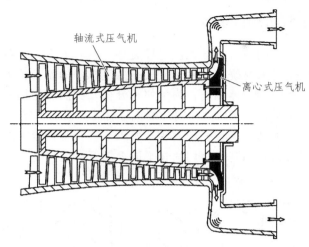

图 2-16　混合式压气机

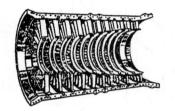

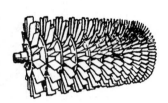

（a）轴流式压气机的静子　　　　（b）轴流式压气机的转子

图 2-17　轴流式压气机基本组成部分

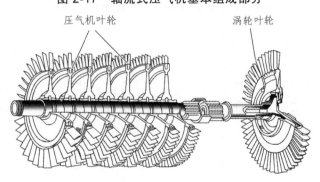

图 2-18　发动机转子

　　轴流式压气机的叶轮和整流环是交错排列的，一个叶轮和后面相邻的整流环构成了压气机的一级。单级压气机增压比不高，一般为 1.2 ~ 1.8。为了得到更高的增压比，目前用在民航机上的涡扇发动机的轴流压气机级数常为 10 ~ 20，压气机增压比高达 30 ~ 40。

　　有些轴流式压气机的进口安装了一排固定的导流叶片，它们所组成的圆环叫做导流环。

二、空气在压气机中的流动

从进气道流入压气机的空气，首先流过导流环，然后依次流过各级叶轮和整流环，最后从末级整流环流出进入燃烧室。由于空气在压气机中的流动较为复杂，同时气流在不同半径叶片通道内的流动大体相仿，为了便于分析，我们假想用一条通过各级叶轮平均半径处的直线绕叶轮旋转，来切割叶轮和整流环叶片，得到压气机的"基元级"，每级压气机都可以看成是很多基元级相叠加而成，所以空气在基元级中的流动可以看成是压气机工作的缩影。把所得到的基元级切片在平面上展开，就得到一平面叶栅图形，如图2-19所示。

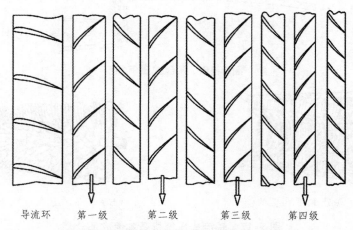

导流环   第一级   第二级   第三级   第四级

图 2-19 轴流式压气机各排叶栅的平面图形（图上画了4级）

（一）空气在导流环中的流动

空气在导流环中的流动情形如图2-20所示。导流叶片的叶型与机翼的翼型相似，其前缘的方向沿发动机轴向，后缘沿叶轮旋转方向弯曲，叶片间的通道略成收敛型。空气以速度 c_1 沿轴向进入导流环，在导流环内，流速稍有增大。流出导流环时，气流顺叶片弯曲的方向偏转，速度变为 $c_①$。

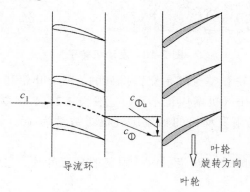

c_1

$c_{①u}$

$c_①$

导流环

叶轮旋转方向

叶轮

图 2-20 预旋和预旋量

气流在导流环中发生的沿叶轮旋转方向的偏斜作用叫做预旋，相应的气流切向分速 $c_{①u}$ ，叫做预旋量。它的作用将在后面分析。

（二）空气在叶轮中的流动

相对于以圆周速度 u 运动的叶轮来说，气流流进叶轮的相对速度 $\omega_{①}$ 等于气流绝对速度 $c_{①}$ 与牵连速度即叶轮圆周速度 u 的矢量差，它与叶轮旋转面所成的夹角为 $\beta_{①}$ ，如图 2-21 所示。

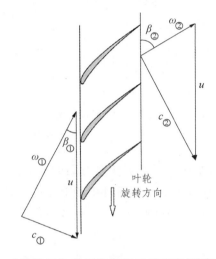

图 2-21　叶轮进口与出口空气相对速度和绝对速度的变化

气流流过弯曲形的叶轮叶栅通道时，流动方向逐渐改变，最后顺着弯曲的叶片通道，以相对速度 $\omega_{②}$ 自叶轮流出。由于叶轮通道呈扩散状，所以叶轮出口气流相对速度较叶轮进口气流相对速度小，且出口气流相对速度与叶轮旋转面所成的夹角 $\beta_{②}$ 要大于进口的相应夹角 $\beta_{①}$ 。叶轮出口气流的绝对速度 $c_{②}$ 为气流相对速度 $\omega_{②}$ 与圆周速度 u 的矢量和。

在这里我们可以看出，叶轮进口气流绝对速度在沿叶轮旋转方向有一速度分量，就是经导流叶片预旋作用后产生的预旋 $c_{①u}$ 。有了此预旋量，一方面可以在不增加叶轮进口气流相对速度的情形下，通过提高叶轮圆周速度来提高叶轮功，增强叶轮增压能力；另一方面如果没有增加叶轮圆周速度，则将使叶轮进口相对速度 $\omega_{①}$ 减小，方向变平，从而减小气流进入叶轮时的损失，如图 2-22 所示。

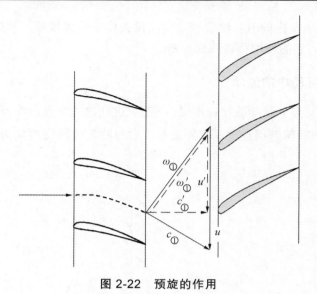

图 2-22　预旋的作用

（三）在整流环中

气流以绝对速度 $c_{②}$ 流进整流环，然后顺着弯曲的通道向后流动，如图 2-23 所示。因整流环通道形状呈扩型，所以气流在整流环中绝对速度将减小。最终流出整流环的气流速度 $c_{③}$ 略等于叶轮进口气流绝对速度 $c_{①}$，方向也大致相同。

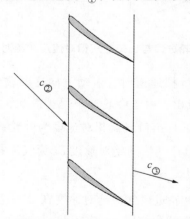

图 2-23　整流环进口与出口空气速度的变化

气流在以后各级中的流动情形都与此相似，不过，最后一级整流环出口的气流方向接近轴向，以便顺利流入燃烧室。

（四）基元级压气机参数

1. 基元级速度三角形

为了更方便地研究单级压气机内空气的流动情形，我们将叶轮进口和出口速度三角形组合在一起，就得到基元级速度三角形，如图 2-24 所示。图中标出的气流在叶轮中相对速度切向分速度的变化量 $\Delta\omega_u$ 和绝对速度切向分速度变化量 Δc_u 叫做气流在叶轮中的扭速，简称扭速。由速度三角形可以得到

$$\Delta\omega_u = \omega_{①u} - \omega_{②u} \tag{2.3}$$

$$\Delta c_u = c_{②u} - c_{①u} \tag{2.4}$$

式中　　$\omega_{①u}$、$\omega_{②u}$——叶轮进口与出口相对速度的切向分速；

　　　　$c_{①u}$、$c_{②u}$——叶轮进口与出口绝对速度的切向分速。

　　由于叶轮进口与出口的圆周速度相等，所以气体相对速度在切向的变化量与绝对速度在切向的变化量是相等的，即

$$\Delta\omega_u = \Delta c_u \tag{2.5}$$

　　扭速是一个很重要的物理量，它反映了气流在叶轮通道中的偏转程度，与基元级叶轮功和增压程度密切相关。

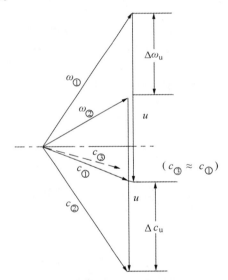

图 2-24　基元级的速度三角形

　　2. 增压原理

　　轴流压气机是利用扩散增压原理来提高空气压力的，如图 2-25 所示。叶轮和整流环的叶片通道都呈扩散状。空气流过叶轮叶栅时，由于通道扩散，相对速度逐渐减小，压力逐渐升高，同时，温度也相应升高。由于叶轮对空气做功，在叶轮中气流绝对速度增加。

　　由动量方程可以得出，叶轮对 1 kg 气体做的功 L_u 为

$$L_u = u \cdot \Delta c_u \tag{2.6}$$

由此可见，叶轮对空气所做的功只与扭速和叶轮圆周速度有关。

　　空气流过整流环叶栅时，由于通道扩散，绝对速度减小，压力、温度升高。

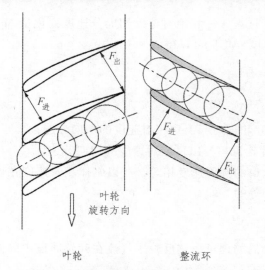

图 2-25　叶轮和整流环叶片通道的形状

从能量角度上讲，在叶轮内，空气压力的提高是相对运动动能减小的结果；在整流环内，空气压力的提高则是绝对运动动能减小的结果。但归根到底，是由于叶轮对气体做功的缘故。

在基元级中，空气压力、速度和温度的变化情形如图 2-26 所示。

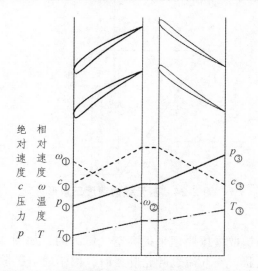

图 2-26　单级轴流式压气机内气流参数的变化

单级压气机的增压能力可用级增压比来表示。级增压比等于单级压气机出口压力与进口压力之比，即

$$\pi_{级} = p_{③} / p_{①}\qquad\qquad(2.7)$$

为了便于计算，常用滞止参数来表示级增压比

$$\pi^*_{级} = p^*_③ / p^*_①$$　　　　　　　　　　　　（2.8）

级增压比的大小，可说明空气压力在压气机一级内提高的程度。

3．基元级压气机参数

基元级压气机参数主要有流量系数和气流冲角。

流量系数 $\overline{c}_a$ 定义为：叶轮进口气流轴向分速 $\overline{c}_a$ 与叶轮圆周速 u 的比值。即

$$\overline{c}_a = c_a / u$$　　　　　　　　　　　（2.9）

流量系数可反应叶轮进口气流相对速度方向的变化及一定转速下空气流量的变化，常用于分析气流在压气机内的实际流动情形和压气机的稳定性。

气流冲角 i 定义为：叶轮进口气流相对速度方向与叶轮叶片前缘切线方向的夹角。符号规定为：从切线方向转向相对速度方向，顺时针为负，逆时针为正。

气流冲角直接描述了叶轮进口气流相对速度方向，可用来分析气流在压气机内的实际流动情形。

由于流量系数与气流冲角从不同方面反映了叶轮进口气流相对速度方向，所以相互间必然存在一定关系，本书后面将作介绍。

（五）多级压气机的特点

多级压气机是由各单级组合而成的，由于各个单级并非完全相同，一般来说，多级压气机具有以下几个特点：

1．**压气机的环形通道面积逐渐减小**

压气机的环形通道面积逐渐减小，与气体压力增加、密度逐级增大有关。由于空气密度逐级增大，如果不减小环形通道截面面积，必然要求气体的轴向分速逐级减小，最终将引起后级叶轮做功减小，叶轮增压能力被严重削弱。所以，多级轴流压气机的环形通道面积应逐渐减小，以便使各级的空气轴向分速大致相等或略有降低。

减小环形面积的方法一般有 3 种：等外径、等内径、等中径，如图 2-27 所示。目前，高涵道比涡扇发动机，由于发动机推力很大，压气机级数多，空气流量大，常采用组合的方法，如图 2-28 所示。

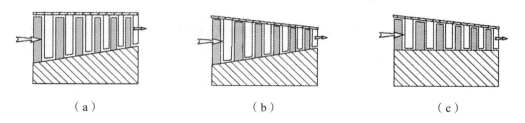

（a）　　　　　　　　　　（b）　　　　　　　　　　（c）

图 2-27　改变流通面积的 3 种方法

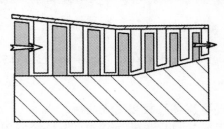

图 2-28　组合型通道

随着环形通道面积的减小，叶片高度相应地逐级减小。

2. 叶片的弦长逐渐减小

由于压气机级数较多，为了有效缩短压气机轴向长度，在不影响叶片强度的条件下，最好缩短叶片的弦长。由于后面级的通道面积较小，叶片较短，叶轮旋转时，叶片离心力也较小，这样，在能够满足强度要求的条件下，就可使叶片的弦长逐渐减小。

3. 叶片的数目逐渐增多

叶片的弦长缩短后，叶片通道对气流的约束作用被削弱，气流就不会完全沿叶片所引导的方向流动，气体在叶轮中的扭速随之减小。所以，为了使压气机后面级对气体所做的功不致因此减小，必须相应增多叶片数目，因此，叶片数目逐渐增多。

气体流经轴流式压气机时，气体压力 p、温度 T、速度 c 的变化如图 2-29 所示。可以看出，压力、温度逐级升高，速度总体上不变（或略有减小）。

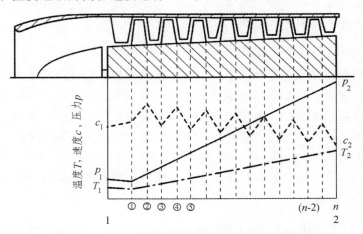

图 2-29　多级轴流式压气机内气流参数的变化

（六）压气机性能参数

压气机性能参数主要有：压气机增压比 π_k，压气机功 L_k，压气机效率 η_k，压气机功率 N_k。

1. 压气机增压比

气体在压气机中的增压比 π_k 定义为

$$\pi_k = p_2 / p_1$$

或写成
$$\pi_k = p_{(n)} / p_1 = \frac{p_{(n)}}{p_{(n-1)}} \cdot \frac{p_{(n-1)}}{p_{(n-2)}} \cdots \frac{p_{(2)}}{p_{(1)}}$$
$$= \pi_n \cdot \pi_{n-1} \cdot \cdots \cdot \pi_2 \cdot \pi_1 \tag{2.10}$$

式中，$p_{(n)}$ 是指第 n 级压气机出口压力且假设 $p_1 = p_①$。

由此可见，压气机增压比等于各单级增压比的乘积，如果各单级增压比相同，则压气机增压比 π 为

$$\pi_k = \pi_{\text{级}}^n（\text{ } n \text{ 为压气机级数}）\tag{2.11}$$

例如，某压气机有 15 级，各级增压比均为 1.25，则该压气机的增压比即为

$$\pi_k = 1.25^{15} \approx 28.4$$

为了便于计算，常用滞止参数来表示压气机增压比 π_k^*，即

$$\pi_k^* = \pi_n^* \cdot \pi_{n-1}^* \cdot \pi_{n-2}^* \cdots \pi_1^* \tag{2.12}$$

目前，为了改善发动机经济性，用在民航机上的涡扇发动机的压气机增压比都较高，一般在 20 ~ 40。

发动机总压比

$$\pi^* = \frac{p_2^*}{p_0} = \frac{p_2^*}{p_1^*} \cdot \frac{p_1^*}{p_0} = \pi_k^* \cdot \pi_{\text{冲}}^* \tag{2.13}$$

所以，压气机增压比和进气道冲压比越高，发动机总压比也越高，有助于提高发动机循环的热效率，改善发动机的经济性。

2. 压气机功 L_k

压气机功 L_k 定义为：叶轮旋转时，压气机对 1 kg 气体实际所做的机械功。在理想情况下（在压气机中没有流动损失、绝热压缩时），压气机对 1 kg 气体所做的功叫理想压气机功，用 $L_{k\text{理}}$ 表示。经推导可以得出

$$L_{k\text{理}} = c_p (T_2^* - T_1^*) = \frac{k}{k-1} R T_1^* (\pi_k^{*\frac{k-1}{k}} - 1) \tag{2.14}$$

3. 压气机效率 η_k

实际压气机工作过程不可能做到严格的绝热，并且压缩过程中必然存在流动损失（如分离损失、漏气损失、摩擦损失）。所以，在同样的进口条件下，得到相同的增压比，压气机实际消耗的机械功 L_k 必然比理想情形下所需要的压气机功 $L_{k\text{理}}$ 大。压气机效率 η_k 就是理想压气机功 $L_{k\text{理}}$ 与实际压气机功 L_k 的比值，即

$$\eta_k = \frac{L_{k\text{理}}}{L_k} \tag{2.15}$$

所以，压气机效率 η_k 可以反映气体在压气机中的流动损失大小。在发动机设计状态下，轴流式压气机的效率一般为 $0.8 \sim 0.9$；离心式压气机由于气流转折较多，效率较低，一般为 $0.75 \sim 0.8$；混合式压气机的效率则介于两者之间，一般为 $0.78 \sim 0.85$。

4. 压气机功率 N_k

压气机功率 N_k 定义为：在单位时间内，压气机对空气实际所做的功。即

$$N_k = \dot{m}_{空} \cdot L_k \tag{2.16}$$

进一步可展开成

$$N_k = \frac{\dot{m}_{空}}{\eta_k} \cdot \frac{k}{k-1} R T_1^* (\pi_k^{*\frac{k-1}{k}} - 1) \tag{2.17}$$

由此可见，影响压气机功率 N_k 的因素有：空气流量、压气机效率、增压比和压气机进口温度。

三、压气机喘振

（一）压气机喘振的基本概念

压气机喘振是压气机的一种不稳定工作状态，是由于压气机进口空气流量的骤然减小而引起的气流沿压气机轴向发生的低频率高振幅的振荡现象。

压气机发生喘振时，将出现以下现象：压气机出口压力和流量剧烈波动，发动机声音变低沉，发动机转速不稳定，排气温度高，发动机振动加剧，发动机推力迅速减小。严重时，甚至出现气流倒流，伴随有放炮声，燃烧室熄火。

压气机喘振，将对发动机造成严重危害，压气机叶片、涡轮叶片、燃烧室等机件可能因振动或超温而损坏，发动机可能过富油熄火，发动机性能急剧恶化，严重时将危及飞行安全。所以，飞行员应了解形成压气机喘振的条件，注意防止压气机喘振，同时应熟悉压气机喘振的现象，飞行中注意监控发动机状态，正确及时判断和处置。

例如，1996 年 7 月 23 日，国内某航空公司一架 B747SP 飞机执行北京—法兰克福航班任务。13：08 在北京起飞后，高度 300 ft 时 2# 发动机喘振，N1 和 EPR 下降，瞬时 EGT 达到极限，发动机自动停车。机组空中放油后，于 14：17 安全落地（参见民航总局航安办编，航空安全信息，1996—1997）。

压气机喘振的根本原因是气流分离。这种分离是由于压气机工作状态严重偏离了设计工作状态而引起的。下面我们分析压气机中气流分离是怎样形成和发展的。

就压气机工作叶轮而言，气流是否分离，要看进口相对速度方向而定，而气流相对速度方向与气流流量系数有关。

发动机设计状态是发动机设计的基准状态，通常是一定大气条件下的发动机最大连续工作状态。如果压气机处于设计工作状态，则流量系数等于设计值，气流相对速度方向与叶片前缘方向一致，如图 2-30（a）所示，叶轮内不会出现气流分离现象。

如果压气机处于非设计工作状态，空气在叶片通道中的流动就发生了变化。

当流量系数大于设计值时（如转速不变而空气流量增加），相对速度方向偏离了叶片前缘的方向而变平，如图 2-30（b）所示，相对气流冲向叶片叶背，形成负冲角。此时，随着流量系数的增大，就会在叶片叶盆发生气流分离现象。不过，由于空气具有惯性，当它流过弯曲的叶片通道时，总有压向叶盆的趋势，这就有利于减弱和消除气流分离，所以分离区也不易扩大，但会引起扭速和叶轮功降低，进而使压气机增压能力降低，气体前后压差减小，压气机变"轻"。但当流量系数继续增大到一定值时，由于分离区使通道有效面积减小，进而演变成收敛型通道，气流膨胀加速，当加速到音速时即引起通道堵塞，这种状态也叫涡轮状态。

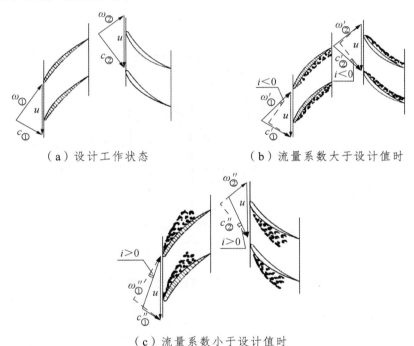

（a）设计工作状态　　　　　　　　（b）流量系数大于设计值时

（c）流量系数小于设计值时

图 2-30　当转速不变而空气流量变化时轴流式压气机叶片通道内空气的流动情形

注：图（b）、（c）的虚线表示设计工作状态时的速度三角形

当流量系数小于设计值时（如转速不变而空气流量减小），相对速度方向偏离了叶片前缘的方向而变陡，如图 2-30（c）所示，相对气流冲向叶片叶盆，形成正冲角。此时，随着流量系数的减小，就会在叶片叶背发生气流分离现象。由于空气流动惯性，总有脱离叶背的趋势，这就加剧了气流分离，所以分离区不断扩大，同时引起扭速和叶轮功增加，进而使压气机增压能力提高，气体前后压差增加，压气机变"重"。当流量系数继续减小到一定值时，分离区沿叶片径向和周向传播，分离区迅速扩大（尤其是压气机后面级）。气流分离使气流向前运动的动能减小，同时因前后压差增加，在逆压差作用下，气流始终有回冲的趋势。当气体前进的动能不足以克服逆压差作用时，最终将会发生流动中断、倒流；倒流的结果消除了压差，气流在叶轮作用下，又开始正向流动，因流量系

数仍过小，又产生气流分离，随着分离区的扩大，又引起流动中断……如此反复，最终引起气流沿压气机轴向振荡，即喘振。

（二）压气机流量特性曲线

为了较为直观地分析压气机的性能，我们通过地面实验（见图2-31）将压气机增压比 π_k^* 随发动机转速 n 和空气流量 $\dot{m}_a$ 的变化曲线绘制在图上，即得到"压气机流量特性曲线"。由于在发动机实际工作中，在一定的大气条件及发动机转速下，进入发动机的空气流量是一定的，所以在等转速线上必然对应一个发动机的稳定工作点（如 A 点）。将各等转速线上的发动机工作点连接起来，即得到发动机的稳定工作线。如图2-32所示为某单轴高增压比压气机的流量特性线。

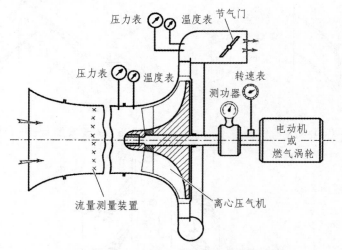

图 2-31　压气机流量特性试验装置略图

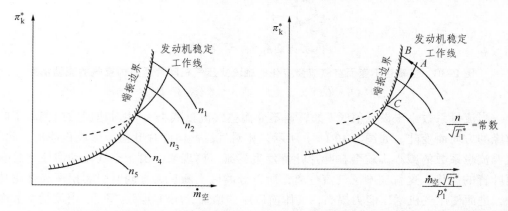

图 2-32　高增压比轴流式压气机流量特性　　图 2-33　高增压比轴流式压气机通用特性曲线

压气机的流量特性曲线是一定的大气条件下的实验曲线。为了将一定大气条件下的压气机特性曲线转换成通用曲线，我们运用相似理论原理对特性曲线进行修正，从而得到该发动机的通用曲线，如图 2-33 所示。经理论推导，对同一台压气机，只要保证压气机进口切向和轴向马赫数（ Ma_{1u} 、 Ma_{1a} ）不变，则可保证在不同大气下，气流在压气机中流动的相似性，从而得到发动机的通用特性曲线。由此可以得出：

换算转速

$$n_{换} = \frac{n}{\sqrt{T_1^*}} = f(Ma_{1u}) \tag{2.18}$$

式中， $n_{换}$ 是压气机进口切向马赫数的函数。

换算空气流量

$$\dot{m}_{换} = \frac{\dot{m}_{空}\sqrt{T_1^*}}{p_1^*} = f(Ma_{1a}) \tag{2.19}$$

式中， $\dot{m}_{换}$ 是压气机进口轴向马赫数的函数。

从单转子高增压比发动机压气机流量特性曲线，我们可以看出：

（1）当发动机换算转速一定时，随着换算空气流量的减小，压气机工作点从 A 点沿等转速线移动，压气机增压比增加，当换算空气流量减小到一定值时（如 B 点），工作点进入喘振边界，压气机就进入了喘振状态。

（2）当发动机换算转速减小时，压气机工作点从 A 点沿压气机工作线移动，压气机增压比减小，当换算转速减小到一定值时（如 C 点），工作点进入喘振边界，压气机就进入了喘振状态。

需要说明的是：对于一定的压气机，其喘振边界并不是固定不变的，如当发生压气机积污、进气道积冰、发动机遭外来物击伤等情形，都会使压气机内气流分离加剧，使压气机喘振边界沿工作线方向移动，使压气机的工作稳定性变差。

（三）引起压气机喘振的条件

1. 发动机转速低于设计值过多

当发动机转速从设计转速减小时，发动机空气流量也相应减小。因叶轮转速减小，压气机每级叶轮的增压能力被削弱。由于逐级积累，压气机后面级空气密度与设计值相比减小太多，所以此时，压气机后面级的通道面积相对其空气密度而言就显太小，后级气流存在堵塞倾向。由于后级气流流通不畅，必然引起压气机进口空气流量进一步减小，所以最终引起压气机前级流量系数小于设计值，诱发压气机进入喘振状态；同时，因流量连续，气流轴向速度将逐级增加，流量系数回升，在中间某级流量系数将等于设计值；随着流量系数继续回升，将使压气机后级流量系数大于设计值，引起压气机进入涡轮状态。所以，当发动机转速减小到低于设计值过多时，将引起压气机前"喘"后"涡"状态，叶轮功呈现前"重"后"轻"，如图 2-34 所示。

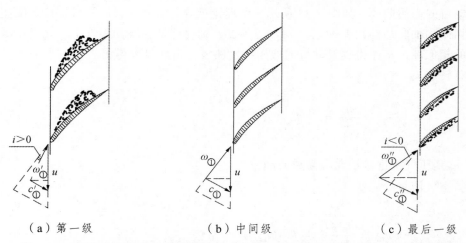

（a）第一级　　　　　　　（b）中间级　　　　　　　（c）最后一级

图 2-34　当转速小于设计转速时轴流式压气机各级叶轮进口速度三角形的变化

虚线—设计情况；实线—转速减小后的情况

当发动机转速高于设计值过多时（实际上发动机已超转），类似的分析可以得出，此时将会引起压气机前"涡"后"喘"状态。不过，由于实际发动机都具有较完善的超转保护装置及措施，所以，压气机一般不会出现此情形。

2. 压气机进口总温 T_1^* 过高

压气机进口总温升高时，由于热空气不易压缩，各级压气机叶轮增压效率降低，由于逐级积累，压气机后级空气密度较设计值减小太多，与发动机转速减小的影响相似，最终将使压气机前级流量系数小于设计值，诱发压气机进入喘振状态；由于流量连续，气流轴向速度将逐级增加，流量系数回升；在压气机中间某级流量系数将等于设计值；随着流量系数继续回升，在压气机后级流量系数将大于设计值，引起压气机进入涡轮状态。所以，当压气机进口总温过高时，同样最终将引起压气机前"喘"后"涡"状态，叶轮功呈现前"重"后"轻"，如图 2-35 所示。

当压气机进口总温过低时（如高空、低速飞行时），最终会引起压气机前"涡"后"喘"状态（与转速过高类似）。不过实际飞行中一般不会出现此情形。

3. 压气机进口空气流量骤然减小

压气机进口空气流量骤然减小时，压气机进口气流轴向速度迅速减小，首先使压气机前级流量系数小于设计值，引起前级压气机叶轮气流叶背分离，扭速增加，级增压比升高，由于流量连续，气流轴向速度将逐级减小，使后级流量系数低于设计值更多。所以，最终将引起前后级（即整台压气机）都喘振。

实际飞行中，引起发动机喘振的因素还很多，如发动机防喘装置故障等。

从喘振的产生及形成过程，我们可以看出，压气机级数越多，增压比越高，压气机各级之间的相互影响越大，也就越容易发生喘振。此外，若发动机维护不当，进气道、压气机通道积污，气流分离加剧，将引起压气机工作稳定性和工作效率降低。

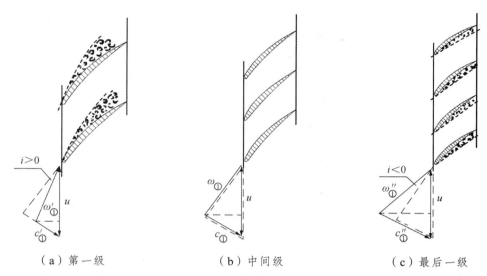

（a）第一级　　　　　　　　（b）中间级　　　　　　　　（c）最后一级

图 2-35　压气机进口空气温度升高时轴流式压气机各级叶轮进口速度三角形的变化

虚线—设计工作状态；实线—进口空气温度升高后的情况

（四）防喘措施

从引起发动机喘振的条件可以看出，发动机在非设计状态下工作时容易喘振。所以，为了确保发动机的稳定工作，在发动机结构上设计了防喘装置，在飞行使用中应正确使用发动机，防止压气机喘振。

1. 发动机构造上的防喘措施

目前，在高增压比的燃气涡轮发动机中，广泛采用的防止喘振的方法有 3 种：压气机中间级放气，发动机采用可调静子叶片和双转子或三转子结构。它们的基本原理，都是尽量使各级的气流流量系数等于设计值，入口冲角为零，使气流进入叶轮和整流环的方向始终与叶片前缘的方向一致或者接近一致，以保证发动机在非设计状态下工作时，气流不会分离或不会发生严重的分离。

下面我们分别介绍这 3 种防喘措施的工作原理。

1）压气机中间级放气

压气机中间级放气是指在一定条件下从压气机中间级释放出部分空气，从而防止发动机喘振。通常是在压气机中间级机匣上沿着整个圆周有一排放气孔，通过放气机构控制的放气带来开启或关闭放气孔（或放气活门）。压气机中间级放气由于结构简单，效果显著，是最常见的防喘措施之一，如图 2-36 所示。

压气机放气是通过专门的放气机构进行自动控制的。由于在低转速时压气机容易喘振，所以在发动机启动时，放气系统一直打开（也有助于发动机启动），直到发动机转速达到一定的转速为止。在发动机减速时，当转速减小到一定值时，放气系统随即自动打开。

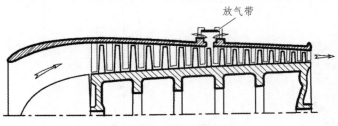

图 2-36　压气机中间级放气

放气孔可以排成一排或多排，其位置应该适中。如果放气孔太靠前，则放气防喘的效果不明显；如果太靠后，则放出的空气压力较高，浪费太大。通常都把它安排在压气机中间某一级之后，或者分成数排，分布于中间各级，以便与不同的发动机转速错开使用。

下面以发动机转速降低过多而引起的喘振为例，说明压气机中间级放气的防喘机理。前面已经指出，发动机转速低于设计转速时的喘振现象，压气机前后级呈前"喘"后"涡"状态，即前级的流量系数过小，后级流量系数过大。所以当发动机转速降低时，防喘放气机构使放气系统打开，部分增压空气沿放气孔（或放气活门）流出，相当于在压气机的通道中多开了一条通路，有效减少了压气机空气通路的阻力，压气机进口空气流量得以显著增加，所以前级压气机气流的轴向速度和流量系数便可显著增大，从而避免了压气机前级喘振状态；同时压气机后级空气流量由于放气分流而减少，从而使压气机后级流量系数回落，使压气机后级避免堵塞状态。

因此，压气机放气的结果是使压气机前后级都朝着有利的工作状态变化，使压气机工作协调，改善了压气机的工作特性和稳定工作范围，保证了发动机安全、可靠地工作。但同时我们也应看到，消耗了涡轮功得到的压缩空气从放气带（或放气活门）排出而未加以利用，最终必然对发动机其他性能造成不利影响，如推力减小、燃油消耗率增加、涡轮前温度升高等（将在发动机性能部分详细介绍）。所以，目前有的高性能燃气涡轮发动机（如美国 GE 公司的 CF6 涡扇发动机），为了进一步提高发动机效率，已取消了压气机中间级放气这种防喘方式。

2）调节静子叶片的安装角

压气机处于非设计工作状态时，进入各排叶轮的气流方向将发生不同的变化。有的变陡，有的变平；有的气流冲角变成正值，有的变成负值。从理论上讲，如果能够调节各排静子叶片的安装角（见图 2-37），使流入下排叶轮的气流方向及其冲角不受发动机及飞行条件的影响，这样就可以从根本上改善压气机的工作特性，避免发生喘振。

为了解释这个问题，现在以第一级的工作情形为例进行说明。如果导流叶片固定不动而进口空气流量减小时，由于气体流量系数减小，叶轮进口相对速度方向变陡，将在叶片叶背产生气流分离。如果此时导流叶片的安装角可以调节，就可以随着流量系数的变化而适当地转动导流叶片，使气流的预旋量增加，使相对速度的方向保持不变，从而避免发生喘振，如图 2-38（a）所示。相反地，当空气流量增加，气体流量系数过大时，也可以将导流叶片向相反的方向转动，如图 2-38（b）所示，使气流的预旋量减小，以保持相对速度的方向不变，避免出现涡轮或堵塞状态。

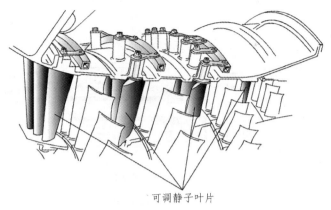

可调静子叶片

图 2-37　可调静子叶片

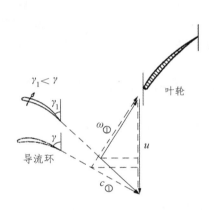

（a）流量系数减小时，将导流叶片向
减小 γ 角方向旋转的后果（设计
工作状态用双点线表示）

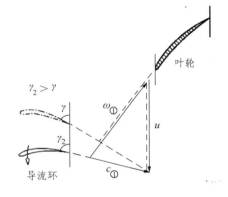

（b）流量系数增大时，将导流叶片向
增大 γ 角方向旋转的后果（设计
工作状态用双点线表示）

图 2-38　随安装角的变化，叶轮调节空气流的情况

　　总的来说，可调静子叶片能够使压气机喘振边界左移，也可以避免某些叶轮出现涡轮状态和气流阻塞现象，从而提高了压气机工作效率，扩大了压气机的稳定工作范围。所以这种防喘措施在目前的燃气涡轮发动机上得到广泛应用，但同时结构也较为复杂。

　　3）双转子（三转子）结构

　　所谓双转子结构是指将发动机压气机和涡轮各自分成高压、低压两部分。高压压气机由高压涡轮驱动，构成高压转子；低压压气机由低压涡轮驱动，构成低压转子，如图2-39所示。这种发动机称为双转子燃气涡轮发动机。

　　根据实验和理论分析，在压气机的设计增压比不超过 4～4.5 时，各级叶轮在非设计状态下的工作还比较协调，它们偏离设计工作状态都不太远，压气机工作的稳定性较好。双转子发动机的压气机由两个彼此没有机械联系的压气机所组成，因此，可以把高增压

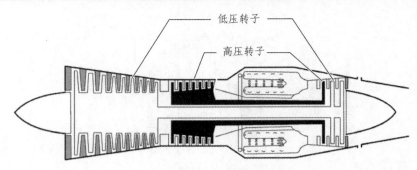

图 2-39　双转子燃气涡轮发动机

比的双转子压气机看成是由两个低增压比的压气机组成。如果双转子压气机的设计增压比为 9～16，则其每个单转子压气机的设计增压比只为 3～4 左右，所以压气机各级都能比较协调地工作，从而保证了高增压比的发动机在非设计状态下压气机的稳定工作。

当然，从理论上讲，发动机分为更多的转子将使压气机各级工作更为协调，压气机的稳定工作范围更大，但却给设计、制造带来很多困难。目前，使用中的燃气涡轮发动机绝大部分为双（三）转子发动机。

双转子（三转子）发动机除能自动防喘外，还有诸多优点，这些将在发动机性能一章中详细介绍。

发动机构造上的防喘措施对压气机流量特性的影响如图 2-40 所示。

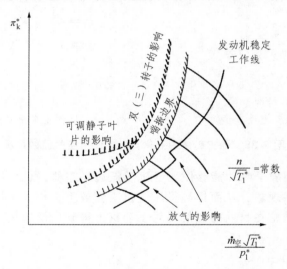

图 2-40　高增压比轴流式压气机流量特性

2. 飞行使用中防止喘振的措施

虽然现代航空燃气涡轮发动机在结构上有较为完善的防喘措施，有效提高了压气机在非设计状态下工作的稳定性，但在一定的飞行条件下，若飞行员使用不当，发动机仍然有喘振的倾向。所以在飞行使用中应注意以下几点：

（1）操纵油门动作要柔和，不要过猛。若发动机加速时，前推油门过猛，燃油量增加过快，涡轮前温度迅速升高，燃气急剧膨胀，由于涡轮导向器的限流作用，使发动机进口空气流量骤然减小，最终容易诱发压气机喘振。

（2）操纵飞机要柔和，避免飞机姿态变化过大，尤其要避免拉杆过猛。若操纵飞机粗猛，飞机姿态变化过大，容易引起侧滑，在进气道中产生气流分离，使压气机进口流场不均；若飞行员拉杆过猛，飞机迎角突然变大，进气道内会发生严重的气流分离，进入发动机的空气流量会急剧减小，并且在此过程中，由于造成燃烧室富油燃烧，空气流量将进一步减小。所有这些，都会引起压气机内气流分离的加剧，压气机喘振倾向加大。

（3）注意防止发动机进气道积冰。当发动机进气道积冰时，一方面使发动机进口空气流量减小；另一方面由于积冰使进气道表面不规则，引起进气道气流分离加剧。所以，进气道积冰容易引起压气机喘振，飞行使用中应正确使用发动机防冰装置，注意防止发动机进气道积冰。

（4）发动机启动时注意防止发动机喘振。发动机启动时，若启动供油量过大，压气机容易喘振；同时在发动机启动时若地面顺风过大，由于发动机喷管排气不畅，最终引起发动机进口空气流量骤然减小，诱发压气机喘振。

（5）正确使用发动机反推装置。飞机正常着陆或中止起飞使用反推装置时，当滑行速度较小（一般为 60 ~ 80 kt）时，应及时使发动机退出反推状态，防止由于反推装置工作时，因发动机进口空气流量的迅速减小而引起压气机喘振。

（6）避免外来物进入发动机。若外来物进入发动机，一方面将损伤压气机叶片，容易发生气流分离；另一方面也会引起发动机进口空气流量减小，最终使压气机的工作稳定性降低，压气机喘振的倾向加大。

（7）发动机一旦喘振，机组的处置一般程序为：

- 柔和收小油门，使发动机转速与油门的位置相匹配。
- 密切注意 EGT 温度，必要时继续后收油门，防止发动机超温。
- 顶杆、增速，降低高度，目的是增加发动机空气流量，有助于消除喘振。
- 加强发动机点火，目的是防止由于压气机喘振引起的气流不稳定容易使燃烧室熄火。
- 加强发动机引气。当发动机 EGT 温度不高时，可短时打开发动机防冰电门，加强发动机引气，可有效使发动机退出喘振状态。
- 实施发动机停车。对于在发动机启动时发生的喘振，应立即中止启动；在空中飞行时，若发动机发生喘振无法控制，也应对该发动机实施停车，同时向地面报告。

第三节 燃烧室的工作

燃烧室是组织燃料与空气进行混合燃烧的部件。从压气机来的高压空气在燃烧室中与燃料混合燃烧后，燃料的化学能转换为气体的热能，气体的温度急剧升高，形成高温、高压燃气，便于在涡轮和喷管中膨胀。所以，燃烧室的工作与燃气涡轮发动机的其他部件的关系密切，也直接影响到发动机的推力和经济性。

　　燃烧室工作良好的主要标志是燃烧稳定、工作安全。换句话说，就是不熄火和不烧坏发动机机件。因此，本节着重围绕如何保证燃料稳定地燃烧和不烧坏涡轮等机件两个重点，阐明燃烧室的工作，并运用这些知识来分析发动机熄火停车等实际问题。

一、对燃烧室的基本性能要求

　　根据燃气涡轮发动机工作的特点，对燃烧室的基本性能要求有：

　　1．点火可靠，燃烧稳定

　　发动机在地面启动和空中启动时，都必须依赖点火装置进行点火，所以可靠的点火是发动机启动成功的基础。点火的可靠性主要取决于点火装置的工作、油气比和飞行条件（飞行速度、高度）。点火可靠性好的发动机应当是在较大的油气比和较宽的飞行范围内都能点火成功；在发动机正常工作中，是靠燃烧室内稳定的火焰前峰点燃新鲜混合气，从而释放出燃料化学能，所以稳定的燃烧是发动机产生连续推力的基础。

　　2．燃烧完全

　　燃料完全燃烧时，燃烧产物中再无可燃性物质，化学能能完全释放，燃烧效率最高；当燃料不完全燃烧时，一方面燃烧效率降低，另一方面排气流中的中间燃烧产物还会带来排气污染。所以要求发动机内的燃料尽可能燃烧完全。

　　3．总压损失小

　　由于气流在燃烧室中的流动非常复杂，不可避免地存在摩擦、分离和涡流损失，从而使气流总压减小；同时因对气体加热，温度提高，也使气流总压减小。最终使气流膨胀、做功能力下降，发动机推力减小。所以应尽可能降低燃烧室中气流总压损失。

　　4．排气污染小

　　排气污染主要是指排气流中的烟、氮氧化物、一氧化碳等化学成分，这些物质对环境有害，所以必须限制这些物质的排放。

　　5．出口温度场分布均匀

　　由于高速旋转的涡轮叶片承受的离心力已很大，再加上高温燃气的冲击，工作条件十分恶劣。要求燃烧室出口气流温度场分布均匀，符合涡轮叶片强度要求，以保证涡轮的正常工作和使用寿命。

二、燃烧室工作的特点

　　燃气涡轮发动机燃烧室的基本组成及工作如图2-41所示。发动机工作时，压气机出口的高压空气进入燃烧室，它一边向后流动，一边与喷嘴喷出的燃料混合，组成混合气。

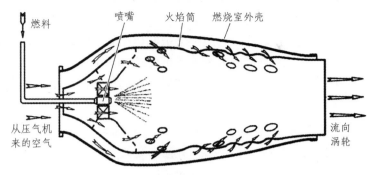

图 2-41　燃烧室原理图

混合气在燃烧室内燃烧时，燃油喷嘴喷出的燃料与流入燃烧室内的空气不断混合组成新的混合气，从而形成连续不断的燃烧过程。

混合气燃烧后，温度升高，形成高温、高压燃气，进入涡轮和喷管，膨胀做功。气流在燃烧室内的参数变化曲线如图 2-42 所示。

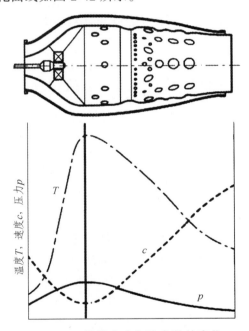

图 2-42　燃烧室内气流参数的变化

从燃烧室工作的基本情况，可以看出燃气涡轮发动机燃烧室的工作具有以下两个显著特点：

1. 燃烧是在高速气流中进行的

发动机推力的增加，要求增大空气流量，而燃烧室截面面积是有限的，所以只有增大燃烧室内的气流速度。目前，燃烧室进口气流速度一般为 120 ~ 180 m/s，即使经过减速，燃烧室内气流平均速度也高达 30 ~ 50 m/s。可见，必须在高速气流中组织燃油与空气燃烧。

混合气中火焰的传播，有逆水行舟之势。在这种情况下，如果火焰传播速度小于气流速度，则火焰前峰的位置逐渐后移，最终会被吹出燃烧室，以致发动机熄火停车。要保证燃烧室内的混合气能稳定燃烧，必须采取措施使火焰前峰稳定在燃烧室的前端，以形成一个点火源，不断点燃新鲜混合气。这就要求燃烧室前端形成点火源的区域内，火焰传播速度等于气流速度。

2. 燃烧室出口温度要受到涡轮叶片材料强度的限制

燃烧室出口的高温、高压燃气，进入涡轮膨胀做功，使涡轮高速旋转。涡轮叶片不仅始终处在高温条件下工作，而且承受巨大的离心力。

任何金属材料受热后，它的材料强度要减小，涡轮叶片也不例外，所以为了涡轮叶片能承受巨大的离心力而不致损坏，就必须将燃烧室出口的燃气温度限制在一定的范围内。

目前，涡轮叶片在没有采用特殊冷却方法的情况下，燃烧室出口燃气温度即涡轮前温度一般不超过 1 200 K，经过特殊冷却的涡轮叶片燃烧室出口燃气温度可达 1 600 K。

可见，燃烧室出口燃气温度要受到涡轮叶片材料强度的限制，不能过高，否则将会损坏涡轮叶片。

三、如何限制燃烧室出口燃气温度，以确保涡轮安全工作

在"燃烧的基本知识"中曾介绍过，当混合气余气系数为 1.0 时，混合气既能完全燃烧，火焰传播速度也较大，燃烧效率最高。但是，在燃气涡轮发动机燃烧室内，如果使用这种理论混合气组织燃烧，则燃烧室的出口温度会高达 2 200 K 左右，大大超过了允许的最大值（1 200 K），将会烧坏涡轮叶片。

根据理论推导，若燃烧室的出口温度为 1 200 K 时，混合气的余气系数应为 4 左右。然而，这样大的余气系数大大超过了燃烧贫油极限，混合气根本不可能燃烧。所以，在保证涡轮安全工作与确保正常燃烧间存在很大的矛盾。

为了解决这一矛盾，人们经过不断的实践和研究，在燃烧室内采用了"先燃烧、后冷却"的方法，以限制燃烧室出口燃气温度，从而满足涡轮叶片安全工作。具体办法是：在燃烧室内安装一个火焰筒，并把整个火焰筒划分为燃烧和冷却两个区域，使进入燃烧室的空气分两股进入火焰筒，如图 2-43 所示。

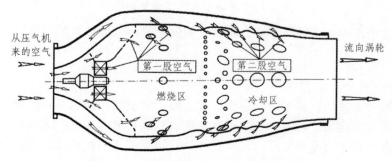

图 2-43 空气分股进入火焰筒的示意图

　　燃烧区位于火焰筒的前半段，进入燃烧区的空气称为第一股空气，占总空气量的
25% 左右。这部分空气与喷入燃烧室的燃料组成余气系数为 1.0 的混合气，混合气燃烧
后的温度约为 2 200 K。

　　冷却区位于火焰筒的后半段，进入冷却区的空气称为第二股空气，占总空气量的
75% 左右。第二股空气穿过火焰筒后段筒壁上的气孔，进入冷却区，与炽热的燃气掺混，
一方面使燃气的温度降低到 1 200 K，从而确保涡轮的安全工作；另一方面，还可使尚未
燃烧的燃料进行补充燃烧。

　　这样，就使燃烧室的整体而言，混合气的余气系数达到 4 左右，能保证燃烧室出口
燃气温度符合要求；但就燃烧区的局部而言，混合气的余气系数为 1.0 左右，又能保证
正常燃烧的要求。

　　某燃烧室空气分股进入火焰筒的具体情况，如图 2-44 所示。从图中可以看出，第一
股空气约占全部空气量的 25%，从火焰筒头部和 1、2 两排气孔进入火焰筒。第二股空气
约占全部空气量的 75%，大部分从火焰筒后部 3、4、5、6、7 排气孔进入火焰筒；还有
一小部分（约为全部空气量的 10%）在火焰筒与燃烧室外壳间的间隙中流动，最终与火
焰筒出口燃气混合，起到隔热、冷却作用。

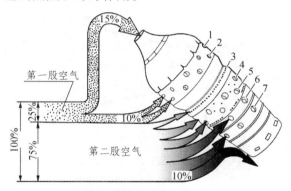

图 2-44　某燃烧室各股空气的百分比

　　应当指出，为了更好地保证涡轮安全工作，在燃烧室出口截面上各点的燃气温度应
该有合理的分布。一方面为了使叶片受力均匀，沿圆周方向燃气温度分布应均匀；另一
方面，因为涡轮高速旋转时，涡轮叶片根部要承受整个叶片所产生的离心力，受力最大，
因此，应当使靠近叶片根部的燃气温度适当降低，以提高涡轮叶片的使用寿命。图 2-45
所示为某发动机燃烧室出口燃气温度沿涡轮叶片高度变化的情形。

四、如何保证燃烧室内混合气的稳定燃烧

　　保证燃烧室内混合气稳定燃烧的根本问题，是如何在燃烧区前端的局部地区内降低
气流速度，提高火焰传播速度，使火焰传播速度等于气流速度，以形成稳定的点火源。

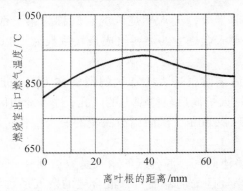

图 2-45　燃烧室出口燃气温度沿涡轮叶片高度变化的情形

1. 局部低速区的形成

目前，燃气涡轮发动机燃烧室进口的气流速度一般在 120～180 m/s，虽然将燃烧室前部的气流通道做成扩散型（见图 2-46），能使气流速度减小一些，但由于受到发动机尺寸的限制，气流速度只能降低到 30～50 m/s，比火焰传播速度仍然大得多。

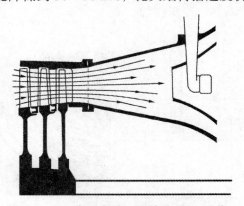

图 2-46　典型发动机燃烧室进口通道

为了在燃烧区前端形成局部低速区域，通常通过安装旋流器来实现。典型的旋流器的结构和工作如图 2-47 所示。旋流器是由许多按一定角度斜向排列的旋流片组成，空气

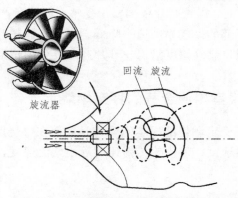

图 2-47　空气流过旋流器后的情形

流过旋流器时，流动方向改变，产生旋转运动。在旋转运动中，空气受惯性离心力的作用，甩向四周，使燃烧区中心部分空气稀薄，形成一个低压区。于是火焰筒后部一部分高温燃气便向火焰筒中心的低压区倒流，形成回流。在燃烧区中，有回流的地方，叫做回流区。回流区的外边，叫做主流区。

由于气流在火焰筒内形成了回流，主流区同回流区的气流相互间有黏性的作用，所以火焰筒内同一横截面上，各点处气体的轴向速度不相同。有的地方大一些，有的地方小一些。火焰筒内不同横截面上空气的轴向速度的分布情形，如图 2-48 所示。轴向速度为零的地方，叫做回流边界。

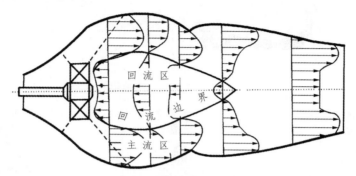

图 2-48 火焰筒不同横截面上空气轴向速度的分布

从图中可以看出，主流区内靠近回流边界的地方，气流的轴向速度较小，对形成点火源很有利。这样在燃烧室内就形成一局部低速气流区，便于形成稳定的火焰前峰。

2. 提高火焰传播速度的措施

在介绍燃烧基本知识中曾分析过，对已经混合好的混合气而言，影响火焰传播速度的主要因素有混合气余气系数，混合气初温和初压，气流紊流强度。对实际的燃气涡轮发动机而言，由于燃料与空气是在燃烧室内进行混合的，燃料与空气混合得好，有利于混合气燃烧；同时气流流经旋流器后形成的回流也有助于提高气体初温、紊流强度以及使燃油的气化加快，有利于混合气燃烧；燃烧时混合气的余气系数主要通过燃油调节器进行控制。所以，下面主要介绍通过提高燃油雾化质量，提高火焰传播速度的方法。

燃油的雾化主要通过燃油喷嘴完成，其雾化质量主要是以雾化后的油珠大小来衡量。燃油压力和喷嘴的类型是影响雾化质量的最主要因素。

单路离心式喷嘴的工作，如图 2-49 所示，燃油从切向孔进入旋流室，在油压的作用下，在旋流室内作急速的旋转运动，燃油从喷孔喷出后，由于受到自身惯性离心力和空气撞击力的作用，而被碎裂成无数细小的油珠，最后燃油的分布成一锥面。这种喷嘴的燃油雾化质量主要取决于燃油压力，油压越高，雾化质量越好，如图 2-50 所示。由于燃油压力主要取决于发动机供油量，在不同的发动机状态，供油量变化很大，在发动机大转速状态，发动机供油量大，油压高，可确保燃油雾化质量；但在发动机小转速状态（如慢车状态），发动机供油量小，油压低，燃油雾化质量差。所以，单路离心式喷嘴不能满足发动机所有工作状态下燃油雾化质量要求。后来，人们进一步开发出双路离心式喷嘴来解决这一问题。

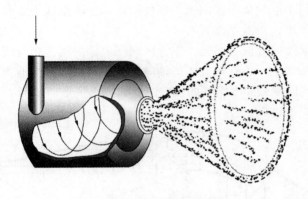

图 2-49　单路离心式喷嘴

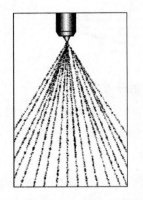

（a）喷嘴前油压较大时　　　（b）喷嘴前油压较小时　　　（c）喷嘴前油压更小时

图 2-50　喷嘴前油压对雾化质量的影响

　　双路离心式喷嘴的工作，如图 2-51 所示。它由主、副两条油路组成，当发动机在大转速状态下工作时，由主、副油路同时供油，此时虽然供油量大，但喷嘴通油面积相应

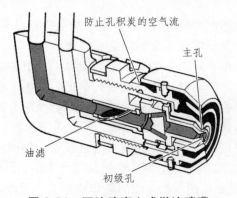

防止孔积炭的空气流

主孔

油滤

初级孔

图 2-51　双油路离心式燃油喷嘴

增大，油压不致过高；在发动机小转速状态，则只有副油路单独供油，此时供油量虽小，但由于喷嘴通油面积相应减小，仍能保持足够油压。所以，双路离心式喷嘴可确保发动机在各种工作状态下，燃油雾化质量良好。目前，一部分燃气涡轮发动机（如 CFM56-3 涡扇发动机）就采用这种燃油喷嘴。

总的来说，由于离心式燃油喷嘴对燃油压力要求较高，而油压的升高使发动机燃油系统的工作负荷增加，管路密封要求高，发动机可靠性降低。目前，在发动机的燃油喷嘴中，对燃油压力要求不高而雾化质量较好的有气动式喷嘴和蒸发管式喷嘴。

气动式燃油喷嘴如图 2-52 所示。它将空气旋流器与燃油喷嘴结合在一起，喷嘴安装在燃烧室头部，空气旋流器分内、外两层，叶片的旋向相反，燃油从两旋流器间的夹层中喷出。当进入燃烧室的气流流经旋流器后，两股气流形成对转的漩涡，与中间的燃油混合，在气动力和油压作用下，燃油得以良好地雾化、气化。这种燃油喷嘴对油压要求不高，同时混合较为均匀，排气冒烟少。目前，RB211 系列，PW4000 和 V2500 等发动机都采用气动式燃油喷嘴。

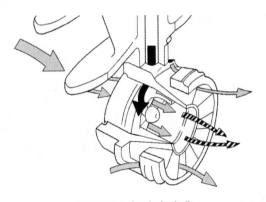

图 2-52　气动式喷嘴

蒸发管式喷嘴如图 2-53 所示。燃油自喷油管喷出，和来自燃烧室头部的一部分空气混合，并经 T 形蒸发管加热蒸发，燃油迅速雾化、气化，与空气进一步混合形成均匀的混合气。蒸发管式喷嘴，对油压要求不高，同时燃烧效率高，排气冒烟少，但蒸发管容易过热而损坏。

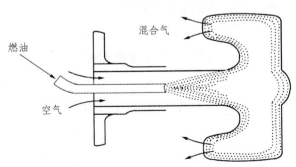

图 2-53　T 形蒸发管喷嘴示意图

3. 点火源的形成

通过以上措施，一方面在燃烧室前端气流主流区靠近回流边界处，形成了一局部低速气流区；另一方面从燃油喷嘴喷出的燃油也位于该区域，使燃油得到较好的雾化、气化。所以，在此区域混合气被点燃后，容易形成稳定的火焰前峰，从而形成稳定的点火源，如图 2-54 所示。

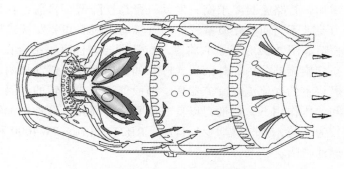

图 2-54　火焰稳定后总的气流图形

五、燃烧室的分类

根据燃烧室结构的不同可划分为：单管、联管和环形 3 种。

单管燃烧室（也称为筒形燃烧室），如图 2-55 所示。由许多单个的燃烧室组成，各燃烧室之间通过一传焰管相连，起到传焰和均压的作用。这种燃烧室的空间利用率低，燃烧室出口气体参数分布不均，但便于拆换，在早期的燃气涡轮发动机上使用较多。

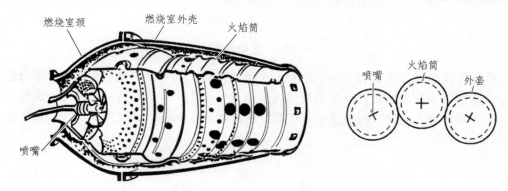

图 2-55　单管燃烧室

环形燃烧室的火焰筒为一完整的环形空间，无需传焰管。这种燃烧室的空间利用率高，燃烧室出口气体流场均匀，点火性能好，但拆换困难，在目前的燃气涡轮发动机上得到广泛应用。环形燃烧室如图 2-56 所示。

联管燃烧室（也称为环管形燃烧室）的火焰筒是由许多单个的火焰筒组成，但在共同的燃烧室壳体内，各火焰筒之间也通过传焰管相连。这种燃烧室的特点及性能介于单管和环形之间，目前有的燃气涡轮发动机采用这种结构。联管燃烧室如图 2-57 所示。

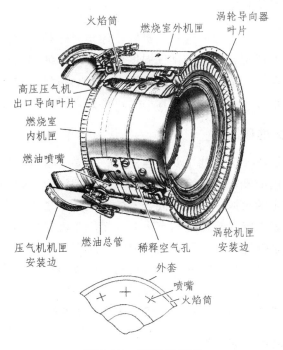

图 2-56　环形燃烧室

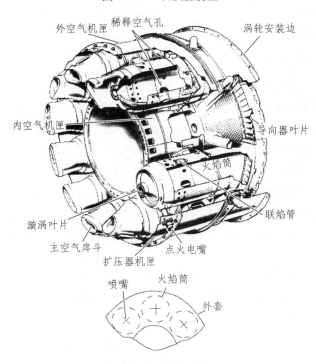

图 2-57　联管燃烧室

六、燃烧室熄火问题

在飞行中，燃烧室熄火而造成的发动机空中停车是一种严重的事故征候。当燃烧室熄火时，发动机声音不正常，转速和排气温度突然下降，油门操纵失灵，发动机失去推力。对双发飞机，当其中一台发动机空中停车时，飞机将迅速向失效的发动机一侧倾斜。所以，发动机空中停车时，若飞行员处置不当，将会直接危及飞行安全。

（一）燃烧室熄火的原因

燃气涡轮发动机燃烧室工作的主要特点之一，就是混合气的燃烧是在高速气流中进行的，只有在燃烧区的前端保持稳定的点火源，才能保证稳定燃烧，否则，燃烧过程便会中断。能否保持稳定的火源，取决于混合气的余气系数是否超出稳定燃烧范围，如果超出稳定燃烧范围，就不能保持稳定的点火源，燃烧室就要熄火。可见，混合气余气系数超出稳定燃烧范围是燃烧室熄火的根本原因。

例如，1982 年 6 月 24 日，英国航空公司一架 B747 飞机飞行途中吸入印尼加垃贡火山喷发的火山灰，使 4 台发动机全部熄火停车，飞机空中失去推力达 13 min，后来飞机脱离了烟尘区，发动机空中启动成功，飞机才安全降落在雅加达。

（二）发动机的稳定燃烧范围

在发动机工作过程中，混合气的稳定燃烧范围是随燃烧室进口气流速度和混合气初温、初压等的变化而变化的。

1. 燃烧室进口气流速度

燃烧室进口气流速度增大时，燃烧区的局部气流速度随之增大。在这种情况下，要形成点火源，则要增大火焰传播速度。但是，局部气流速度的增大，缩短了燃料气化的时间，不能形成良好的混合气，将使火焰传播速度减小。此时要确保一定的火焰传播速度，必须要有余气系数比较合适的混合气。混合气的余气系数便只允许在较小的范围内变化。也就是说，燃烧室进口气流速度增大，稳定燃烧范围缩小；反之，燃烧室进口气流速度减小，稳定燃烧范围变大。

稳定燃烧范围随燃烧室进口气流变化而变化的情形如图 2-58 所示。当燃烧室进口气流速度增大时，富油极限的数值越来越大，而贫油极限的数值则越来越小，稳定燃烧范围越来越窄。

当燃烧室进口气流速度大于某一数值（图 2-58 上的 $c_{2最大}$ ）以后，在任何混合气余气系数下，火焰传播速度均小于局部气流速度，所以这时燃烧室便无法形成稳定的点火源来稳定燃烧。

当燃烧室进口气流速度过小时，空气流量也很小，如果再使用贫油混合气，则喷嘴的喷油量很小，喷嘴前油压也很低。喷嘴前油压降低过多，使喷嘴喷出燃料的雾化质量太差，火焰传播速度过小，就不能形成稳定的点火源。因此，在燃烧室进口气流速度很小的情况下，减小气流速度，贫油极限不再是增大而是减小，如图 2-58 上曲线 *A—B* 所示。如果燃烧室内采用蒸发管式喷嘴，由于燃油的雾化质量不因气流速度减小而变差，而贫油极限仍是随着气流速度减小而继续增大，如图 2-58 上 *A—C* 所示。

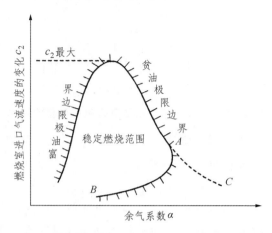

图 2-58　稳定燃烧范围随燃烧室进口气流速度的变化

2. 混合气的初温、初压

在燃烧室进口气流速度不变的条件下，混合气的初温、初压升高时，火焰传播速度增大，稳定燃烧的余气系数范围增大；反之，混合气初温、初压降低，稳定燃烧的余气系数范围缩小。

由上述的分析可知，余气系数，燃烧室进口气流速度，混合气初温、初压以及喷嘴前油压，对于燃烧室是否会熄火而言，都是很重要的影响因素。总的来说，降低燃烧室进口气流速度和提高火焰前峰传播速度，都有利于混合气燃烧，稳定燃烧的余气系数范围变宽。

（三）飞行条件对发动机稳定燃烧范围的影响

发动机的稳定燃烧范围是随飞行条件的不同而变化的，在实际飞行中，主要受飞行高度和发动机转速的影响。

1. 飞行高度对稳定燃烧范围的影响

飞行高度升高时，大气温度和大气压力都逐渐降低。在发动机转速保持不变的情况下，燃烧室进口气流速度的变化虽然不大，但是混合气的初温、初压却随大气温度和大气压力的降低而降低；同时，空气密度随着高度的升高而减小，供油量也相应地减小，所以喷嘴前油压降低，燃油雾化质量变差。这些都使火焰传播速度降低，所以稳定燃烧范围随着飞行高度升高而不断变窄。稳定燃烧范围随飞行高度变化的情形如图 2-59 所示。

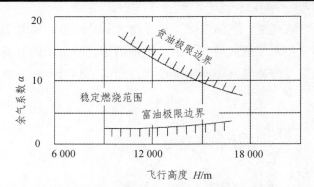

图 2-59　稳定燃烧范围随飞行高度变化的情形

因此，发动机在高空工作时，燃烧室比较容易熄火。

2. 发动机转速对稳定燃烧范围的影响

发动机转速增加时，压气机增压比增加，发动机空气流量增大。一方面使混合气的初温和初压升高；另一方面空气量增多，发动机供油量相应增加，喷嘴前油压增大，燃油的雾化质量变好。同时发动机转速增加也使燃烧室进口气流速度相应增大，从而增大了燃烧区局部气流速度。将这些因素综合起来：初温、初压升高和雾化质量变好，都有利于形成稳定的点火源。但同时由于局部气流速度增大，又不利于形成稳定的点火源。由于前者的影响较大，所以发动机转速增加时，稳定燃烧范围增大；反之，发动机转速减小时，稳定燃烧范围减小。稳定燃烧范围随发动机转速变化的情形如图 2-60 所示。

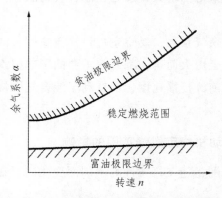

图 2-60　稳定燃烧范围随转速变化的情形

因此，发动机在小转速状态工作时，容易发生熄火。

通过以上分析，我们可以得出结论：发动机在高空小转速工作状态时，燃烧室最容易熄火。

（四）飞行使用中防止燃烧室熄火的措施

根据燃烧室熄火的原因，防止燃烧室熄火的关键在于增大稳定燃烧范围，并把混合气余气系数保持在稳定范围内。飞行中主要应注意以下几点：

1. 高空收油门要防止转速过小

前面已经分析，发动机在高空小转速工作时，容易造成燃烧室熄火。为了增大稳定燃烧范围，维持稳定燃烧，发动机在高空工作时的最小转速，即高空慢车转速，应该随飞行高度的升高而增大。

在目前许多燃气涡轮发动机上，发动机燃油系统能自动控制发动机的慢车转速，在空中自动保持为高慢车转速。

作为飞行员，在高空收油门时，油门不能收得过小，以免造成空中熄火。

2. 高空操纵动作要特别柔和

在高空，特别是在较小的发动机转速下，由于稳定燃烧的范围较小，要特别柔和地操纵油门和驾驶杆，使混合气余气系数始终保持在允许的范围以内。

柔和操纵油门，可以缓和增、减供油量，混合气余气系数变化的幅度较小，不至于超出稳定范围。如果操纵油门过猛，供油量突然增加或减少过多，就可能使混合气的余气系数超出稳定燃烧范围而造成熄火停车。

飞行中，若操纵飞机动作过猛，容易发生较大的侧滑，在发动机进气道内引起气流分离加剧，使发动机的进气量突然减小，混合气余气系数就可能超出稳定燃烧范围，造成熄火。

3. 加强发动机点火

在飞机起飞、进近着陆阶段，为了防止燃烧室熄火，确保飞行安全，需要接通发动机点火电门，加强发动机点火。飞行中，在复杂的气象条件下（如颠簸气流、严重积冰区、大雨等），也需接通发动机点火电门，实施点火，同时还需要维持发动机一定的转速，以提高稳定的燃烧范围。

此外，在繁忙机场进近着陆时，要注意保持与前方飞机的距离，防止吸入前方飞机发动机的尾流，引起空气流量的骤然减小而停车；低空飞行中，应注意避免飞鸟进入发动机而引起的熄火。地面机务人员应定期检查燃油喷嘴的质量，保持燃料清洁，保证喷嘴工作性能经常处于良好状态。最后，还要特别指出的是，飞行前加油时，务必使用规定的燃油标号，若加错了燃油也容易引起燃烧室熄火以及发动机超温。

所以，只要机组严格按照规定使用发动机，燃烧室熄火是可以避免的。如果由于机组操纵不慎或由于恶劣气象条件而造成发动机空中停车，则应立即按照正确的程序实施发动机的空中启动。

第四节　涡轮的工作

涡轮的作用是使高温、高压燃气膨胀，将部分热能转变成涡轮的机械功，带动压气机和一些附件工作。涡轮和压气机都是和气流进行能量交换的叶轮机械。但是，涡轮和压气机与气流间的能量交换在顺序上恰恰相反。气流流过压气机时从叶轮获得机械能，因而提高了压力和温度；而在涡轮中，气流则将可用热能转换为涡轮机械功，气流温度、压力降低。由于涡轮叶片在高温条件下高速旋转，工作环境极其恶劣，所以，飞行使用中，保证涡轮的安全工作是确保发动机的使用寿命和飞行安全的重要任务。

一、涡轮的组成及工作

（一）涡轮的组成

涡轮的最基本组成是导向器（又叫喷嘴环）和工作叶轮，如图 2-61 所示。导向器安装在工作叶轮的前面，固定不动；工作叶轮轴与压气机叶轮轴连接，工作时带动压气机叶轮旋转。导向器和工作叶轮沿周向都装有很多叶片。

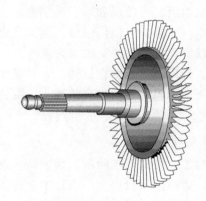

（a）导向器　　　　　　　　　　　　（b）工作叶轮

图 2-61　涡轮的组成

从燃烧室流出的燃气，首先流过导向器，在其中膨胀加速，温度和压力降低；然后高速流过工作叶轮，在工作叶轮中，燃气继续膨胀，温度和压力进一步降低。工作叶轮由于受到燃气的作用力而旋转，并通过涡轮轴带动压气机和一些附件工作。

民航机用的燃气涡轮发动机，需要将燃气可用能量的绝大部分转变成涡轮的机械功。涡轮的载荷较重，所以为了使燃气在涡轮中充分膨胀和确保涡轮的工作效率，涡轮都设计为多级涡轮（一般为 3~5 级），如图 2-62 所示。

（二）燃气在涡轮中的流动

同分析气体在压气机中的流动情形类似，我们只分析气体在一个基本的涡轮级（一级导向器和工作叶轮）某叶轮通道中的流动情形，如图 2-63 所示。

高温、高压燃气流经涡轮导向器的情形如图 2-64 所示。由于导向器通道形状呈收敛型，燃气在导向器中膨胀加速，压力、温度降低，气流速度增加。燃气温度的降低，使涡轮叶片承受的热负荷降低；气流速度的增加，使气流对涡轮叶片作用力加大，有助于对涡轮做功；同时，气流在导向器的导引下可顺利进入叶轮。

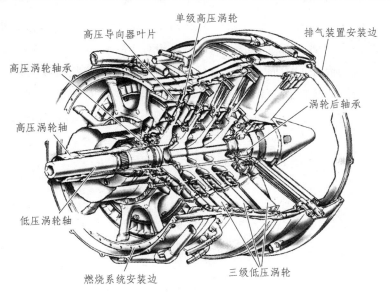

图 2-62 某发动机的四级涡轮（双轴）

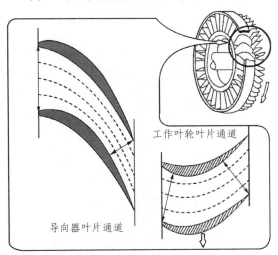

图 2-63 导向器叶片和工作叶轮叶片的通道

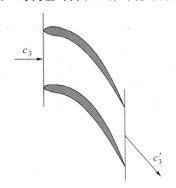

图 2-64 燃气流过导向器的情形

　　高温、高压燃气流经涡轮工作叶轮的情形如图2-65所示。由于叶轮高速旋转，所以气体在叶轮中既向后流动，也随叶轮旋转运动。相对于叶轮而言，气体进口相对速度 ω_3' 由气流绝对速度 c_3' 与叶轮的圆周速度 u 合成。由于叶轮通道形状呈收敛型，燃气在叶轮中膨胀加速，压力、温度降低，相对速度增加，但由于燃气对叶轮做功，所以其气流的绝对速度减小。气流流过涡轮导向器和叶轮的参数变化，如图2-66所示。

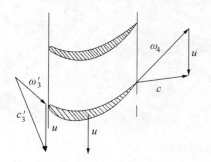

图 2-65　工作叶轮进口和出口速度三角形

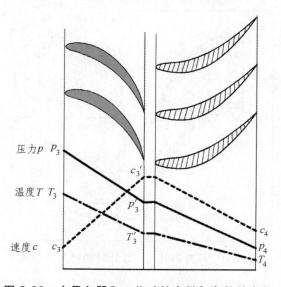

图 2-66　在导向器和工作叶轮内燃气参数的变化

　　将叶轮进出口的速度三角形组合在一起，如图2-67所示。可以清楚地看出气流在叶轮中速度的大小和方向都发生了变化，其中气流相对速度或绝对速度变化量沿切向的分量定义为气流的扭速，用 Δc_u 或 $\Delta \omega_u$ 表示，可以推出，$\Delta c_u = \Delta \omega_u$。

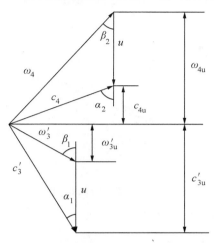

图 2-67　工作叶轮进口和出口速度三角形组合图

（三）燃气对涡轮的做功情形

燃气流过涡轮叶片通道的过程中，既然气流相对速度的大小和方向都发生了变化，气流必然受到涡轮叶片所施加的作用力，与此同时，涡轮叶片也必然受到燃气的反作用力。

如图 2-68 所示，气流以相对速度 $\omega_③$ 冲击叶轮，假设相对速度大小不变仅速度方向转折时燃气对叶片的作用力用 $\vec{F}_1$ 表示；假设相对速度方向不变，而仅速度大小增加时燃气对叶片的作用力用 $\vec{F}_2$ 表示；两力的合力就是燃气对涡轮叶片的反作用力 $\vec{R}$，再将此力沿圆周切向和轴向分解得到切向分力 $\vec{R}_u$ 和轴向分力 $\vec{R}_a$，其中轴向分力 $\vec{R}_a$ 受到约束，通过发动机轴承平衡，切向分力 $\vec{R}_u$ 推动叶轮高速旋转，如图 2-69 所示。

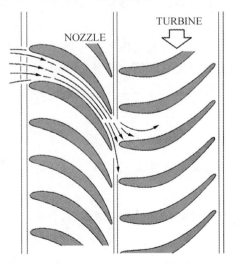

图 2-68　由燃气流的冲击及通过收敛工作叶片通道加速的反作用驱动的涡轮

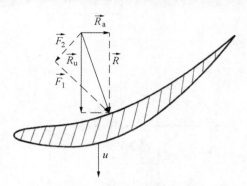

图 2-69　切向力和轴向力

通过动量方程可以推出燃气对叶轮的切向力的大小为

$$R_u = \dot{m}_{燃气}\Delta c_u \qquad\qquad（2.20）$$

式中　　$\dot{m}_{燃气}$——冲击涡轮燃气流量；

　　　　Δc_u——涡轮叶轮中气流的扭速。

可以看出，燃气流量和气流在叶轮中的扭速越大，燃气对叶轮的力越大。所以燃气对涡轮做功，从力的角度来看，是因为燃气对涡轮叶轮施加的反作用力的缘故；从能量角度来看，是因为燃气膨胀将燃气的可用热能转变成涡轮机械功的结果。

燃气单位时间内对叶轮所做的功，等于叶轮所受的切向力 R_u 与圆周速度 u 的乘积，1 kg 燃气对叶轮所做的功（轮缘功 L_u）为

$$L_u = \Delta c_u \cdot u \qquad\qquad（2.21）$$

可以看出，叶轮圆周速度和扭速越大，轮缘功 L_u 越大。由于涡轮叶轮通道为收敛型，气流在涡轮中膨胀加速，不容易发生气流分离，气流在涡轮中的损失较小。相对于压气机而言，涡轮叶轮中气流方向的转折较大，其扭速比压气机中大得多，涡轮叶轮的轮缘功比压气机大得多，所以涡轮的级数比压气机少得多。但对用于民航机的燃气涡轮发动机而言，由于需要将燃气可用能量的绝大部分传递给涡轮，同时因单级涡轮的轮缘功大小受到发动机转速和扭速的限制（扭速过大，会引起气流损失增加），所以要求增加相应涡轮级数。

（四）涡轮中的能量损失

涡轮中存在的能量损失主要有流动损失、漏气损失、机械损失和散热损失。

1. 流动损失

流动损失是指气流在涡轮导向器和叶轮中实际流动时产生的摩擦损失、气流分离损失和激波损失。

2. 漏气损失

燃气在涡轮中流动时，部分燃气不经过涡轮叶片通道而从涡轮间隙中（如 JT9D-7J 发动机，在地面起飞状态高压涡轮间隙为 1.5 mm 左右）流过，如图 2-70（a）所示，同

时少量气流从叶片叶盆经涡轮间隙流向叶背形成涡流，如图 2-70（b）所示，由于这部分气流没有对涡轮做功，将损耗部分燃气能量，称为漏气损失。

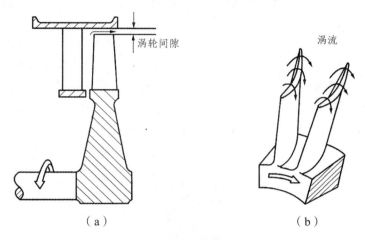

（a）　　　　　　　　　　　（b）

图 2-70　漏气损失

目前，燃气涡轮发动机减小漏气损失的方法主要是采用涡轮间隙控制技术。通过在不同的发动机状态，控制用于冷却涡轮机匣的压气机引气的温度，进而控制涡轮机匣的变形，从而使涡轮间隙保持在最佳范围，既可有效减小漏气损失，又满足了涡轮安全工作的需要。有些发动机为了减小漏气损失采用了带冠的涡轮叶片，如图 2-71 所示。这种结构也使涡轮叶片的质量增加，叶片离心力增加。

3. 散热损失

散热损失是指高温燃气在涡轮中膨胀时，不可避免地与发动机机匣发生热交换，从而使燃气可用能量减小而造成的损失。

4. 机械损失

机械损失是指涡轮旋转时，为了克服轴承摩擦阻力所消耗的部分机械功。

涡轮中所有的能量损失最终都使涡轮实际输出的功减小。

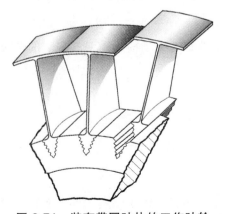

图 2-71　装有带冠叶片的工作叶轮

二、涡轮参数

常见的涡轮参数有：涡轮前温度、涡轮功、涡轮效率、涡轮落压比和涡轮功率。

1. 涡轮前温度 T_3^*

T_3^* 越高，燃气所具有的膨胀能力越强，同时涡轮叶片所承受的热负荷越大。所以，T_3^* 描述了燃气的膨胀能力，对涡轮的安全工作具有直接影响。

实际的燃气涡轮发动机，由于 T_3^* 较高，直接测量较为困难，如图 2-72 所示。通常通过测量高低压涡轮级间燃气温度（用 EGT 表示）来间接反映 T_3^* 的大小。因为 T_3^* 温度与 EGT 温度存在一定的对应关系，限制了 EGT 温度，也就限制了 T_3^* 的大小。

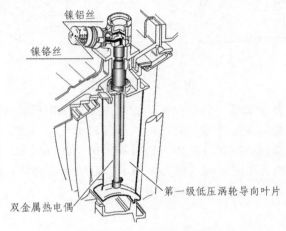

镍铝丝

镍铬丝

第一级低压涡轮导向叶片

双金属热电偶

图 2-72　EGT 的测量

2. 涡轮落压比 π_T^*

涡轮落压比为涡轮前气体总压与涡轮后气体总压的比值，即 $\pi_T^* = p_3^* / p_4^*$。它的大小描述了燃气在涡轮中实际的膨胀程度。

3. 涡轮功 L_T

涡轮功是指 1 kg 燃气在涡轮中膨胀后，涡轮轴上实际输出的功。

理想涡轮功：是指在绝热、无流动损失和漏气损失的情况下，1 kg 燃气在涡轮中的膨胀功。

经推导为

$$L_{理} = \frac{k'}{k'-1} R_g T_3^* \left(1 - \frac{1}{\pi_T^{*\frac{k'-1}{k'}}} \right) \tag{2.22}$$

所以，涡轮前温度越高，涡轮落压比越大，理想涡轮功越大。

4. 涡轮效率 η_T

在相同的条件下，1 kg 燃气在涡轮中膨胀同样的落压比，涡轮功与理想涡轮功的比值，称为涡轮效率，即

$$\eta_T = \frac{L_T}{L_{理}} \tag{2.23}$$

涡轮效率描述了燃气在涡轮中的能量损失，由于燃气在涡轮中的流动损失较小，同时流动损失的能量增加了气体的温度，有助于增加气体的膨胀能力，从而得到一定的补偿。所以实际发动机涡轮效率较高，同时随发动机转速的变化不大（只有当发动机转速很低时，涡轮效率才降低），涡轮效率一般为 0.91 ~ 0.94。

5. 涡轮功率 N_T

单位时间内，涡轮轴实际输出的功，称为涡轮功率。经推导

$$N_T = \dot{m}_{燃气} \cdot L_T = \dot{m}_{燃气} \cdot \frac{k'}{k'-1} \cdot R'T_3^* \left(1 - \frac{1}{\pi_T^{*\frac{k'-1}{k'}}}\right) \cdot \eta_T \tag{2.24}$$

所以，影响涡轮功率的因素有燃气流量、涡轮前温度、涡轮落压比和涡轮效率。$\dot{m}_{燃气}$ 越大，参与膨胀做功的气体越多，N_T 越大；T_3^* 越高，燃气具有的膨胀做功能力越强，N_T 越大；π_T^* 越大，燃气在涡轮中膨胀越彻底，N_T 越大；η_T 越大，燃气在涡轮中膨胀转变成机械功过程的能量损失越小，N_T 越大。

三、涡轮叶片断裂及预防

涡轮叶片断裂是涡轮最主要的故障，它不但会引起发动机振动加剧，更严重的是会打坏发动机部件，导致发动机着火等后果，进一步发展将严重威胁飞行安全。所以，我们必须进一步分析涡轮叶片的工作条件，研究防止涡轮叶片断裂的方法，确保涡轮的安全工作。

例如，1991 年 5 月 30 日，国内某航空公司一架运七飞机在厦门高崎机场准备起飞，检查发动机各参数均正常。机组接到塔台起飞指令后，在飞行员前推油门到起飞状态过程中，忽听到一声闷响，飞机剧烈晃动，右侧发动机转速急剧下降，机组立即实施停车，中止起飞。后对飞机进行外观检查，发现右侧发动机涡轮部件严重损坏，在发动机舱内和机场跑道上有许多涡轮叶片和导向器叶片残骸。后经分析确认为第 1 级涡轮叶片断裂，打坏了后级的涡轮叶片和导向器叶片，引起涡轮失效。

（一）涡轮叶片的工作条件

1. 涡轮叶片承受很高的热负荷

为了提高发动机推力，需要尽可能提高涡轮前温度，炽热的燃气直接与涡轮叶片接

触，涡轮叶片需要承受很高的热负荷。由于金属材料的强度随温度的升高而降低，所以，涡轮叶片在高温条件下工作，其材料强度显著降低。

2. 涡轮叶片承受巨大的离心力

要提高发动机推力，需要提高空气流量，所以必须确保较高的发动机转速。涡轮叶片在较高的转速下旋转，叶片承受巨大的离心力，如图 2-73 所示。对一定的发动机而言，涡轮叶片承受的离心力与转速的平方成正比，转速越高，离心力越大。

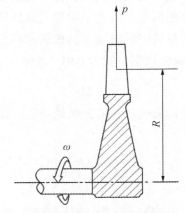

图 2-73　涡轮叶片承受的离心力

如某发动机：涡轮叶片重量为 0.42 daN，其旋转半径为 30 cm，转速为 11 560 r/min，此时涡轮叶片根部所承受的离心力高达 18 800 daN，为叶片本身重量的 $4×10^4$ 多倍。

由于叶片承受巨大的离心力，其内部会产生很大的应力，叶片将被拉长。

3. 涡轮叶片承受燃气的交变力

发动机实际工作中，由于受到燃烧室各燃油喷嘴的喷油量不可能绝对均匀等因素的影响，涡轮前燃气温度和压力的分布是不均匀的（见图 2-74），进而造成燃气作用在涡轮叶片上的力各不相同。随着涡轮旋转，涡轮叶片将受到燃气周期性变化的交变力作用，这种交变力会使涡轮叶片发生振动，引起叶片内部产生附加应力，容易使叶片发生疲劳而失效。

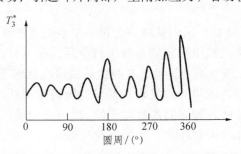

图 2-74　涡轮前某圆周上燃气温度变化的情形

此外，由于涡轮一级的负荷很重，高温、高压燃气冲击涡轮时，直接作用在涡轮叶片上的气动力也很大，容易使涡轮叶片等发生扭曲。

　　所以，涡轮叶片是在极为恶劣的条件下工作的，若使用不当，容易使叶片产生裂纹，甚至断裂。

（二）防止涡轮叶片断裂的措施

　　实际飞行使用中，引起涡轮叶片断裂的因素很多，从根本上讲是当作用在涡轮叶片的内部应力超过其材料强度极限时，就会破坏材料内部分子的结构，使涡轮叶片产生裂纹，进而断裂。为了防止涡轮叶片断裂，确保涡轮的安全工作，在发动机设计制造、使用、维护等方面都有相应的措施，下面逐项进行分析。

　　1. 发动机设计制造方面防止涡轮叶片断裂的措施

　　在发动机设计制造方面，主要是通过改进材料、工艺和冷却等措施尽可能提高涡轮叶片的强度，来防止涡轮叶片的断裂，主要措施有：

　　1）采用高强度的耐热材料

　　目前，燃气涡轮发动机涡轮叶片通常采用镍基合金材料，因为镍基合金材料具有优越的耐热冲击和耐疲劳性能。今后，随着涡轮前温度 T_3^* 进一步升高，已接近金属材料的极限，人们正在探索采用其他非金属材料制造涡轮叶片。如图 2-75 所示，为一种采用强化陶瓷制造的非金属基涡轮叶片。

　　2）改进叶片制造工艺

　　改进涡轮叶片的制造工艺，如采用改变金属材料的晶格结构的方法，从而提高叶片的强度，大大提高叶片的使用寿命。如图 2-76 所示，描述了普通铸造叶片、定向结晶叶片和单晶叶片的寿命特性，可以看出定向结晶叶片和单晶叶片都可使叶片的使用寿命增加。

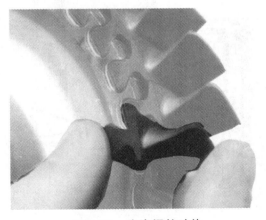

图 2-75　陶瓷涡轮叶片

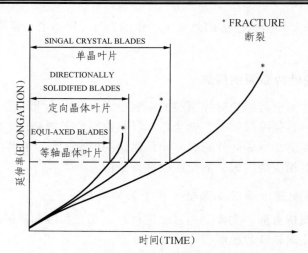

图 2-76　涡轮工作叶片寿命特性的比较

　　此外，在涡轮叶片上进行涂层处理，通过热屏障涂层保护可使涡轮局部金属温度降低近 150 K。

　　各种涡轮工作叶片的晶粒结构如图 2-77 所示。

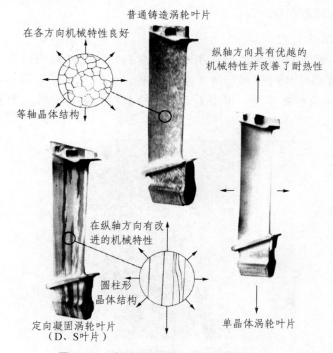

图 2-77　各种涡轮工作叶片的晶粒结构

3）加强涡轮叶片的冷却

　　涡轮叶片冷却是通过来自压气机出口的增压空气对涡轮叶片实施冷却，如图 2-78 所示。对涡轮叶片进行良好的冷却可以大大提高涡轮叶片所能承受的燃气温度。目前，经过特殊冷却的涡轮叶片可提高 300 ℃。但对涡轮叶片进行冷却必须是在确保涡轮叶片结构强度基础上进行的，所以技术难度很大。

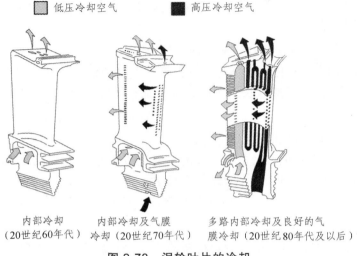

图 2-78　涡轮叶片的冷却

2. 飞行使用中防止涡轮叶片断裂的措施

在飞行使用中，主要是严格遵守发动机的使用规定，防止涡轮叶片承受的负荷超过其强度极限，主要应注意以下几点：

1）注意监控 EGT 温度，防止发动机超温

实际飞行中，EGT 温度是影响涡轮安全工作的最主要参数。所以，对 EGT 的重要性怎样强调都不过分，尤其在发动机启动、加速过程中或在高温、高原机场工作时应特别注意监控 EGT 温度，不允许 EGT 温度超过各发动机状态下的限制值。某发动机超温后，涡轮叶片烧损的情形如图 2-79 所示。

图 2-79　烧损的涡轮叶片

2）防止发动机超转

发动机超转时，一方面涡轮叶片离心力过大，涡轮叶片容易失效；同时，发动机处于超压状态，超出了发动机的强度，直接威胁发动机的安全工作。所以，发动机一般都有较为完善的防超转装置。

3）发动机最大状态连续使用时间不超过规定

发动机在最大状态下工作时，由于涡轮叶片承受的负荷很大，叶片将发生一种叫"蠕变"的变形，叶片将逐渐伸长。所以，应限制发动机最大状态下连续使用时间不超过规定。

4）发动机引气量不要过多

目前，大、中型民航机，发动机引气的主要目的是为空调、飞机发动机防冰等系统提供气源，其中主要是空调系统。所以，飞行中（尤其当飞机需要大推力时）应防止空调引气量不要过大，否则将会引起 EGT 温度升高，使涡轮叶片的工作负荷加大。

5）防止外来物进入发动机

外来物一旦进入发动机，由于发动机转动部件高速旋转，相对动能很大，一旦碰到叶片上，将会产生极大的撞击力，足以损伤叶片。例如，一个质量为 1 g 的砂石，若以 200 m/s 的速度碰到叶片上，其冲击力高达 2 040 daN。

第五节　喷管的工作

涡轮出口的气体，温度和压力还很高，为了使发动机产生更大推力，必须通过喷管进一步提高气体速度。所以喷管的功用是使气体继续膨胀，将气体的热能转变为动能，从发动机高速喷出，以使发动机获得尽可能大的推力。喷管工作的好坏将影响喷气速度的大小，直接影响发动机的推力。

民航机所用的涡轮风扇发动机喷管还带有反推力装置，可以改变喷气流的方向，从而产生反推力，缩短飞机着陆和中止起飞时的滑跑距离。

根据喷管通道的形状可分为收敛型（亚音速）和收敛-扩散型（超音速）喷管；根据喷管通道形状是否可调分为固定和可调的喷管等。目前，大型民航机的最大飞行速度都为高亚音速，所以其动力装置都采用固定收敛型喷管。

一、收敛型喷管的基本组成及工作

典型的收敛型喷管如图 2-80 所示，由中介管和喷口组成，其中中介管又由支板、整流锥和外壳组成。

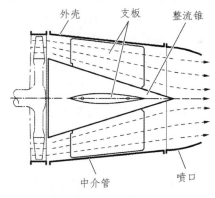

图 2-80 喷管的组成

中介管位于涡轮后部，通道呈扩散状，作用是整流和减速，以减小推力损失。如果没有中介管，气体从涡轮流出后，由环形通道突然流入柱形通道，将产生强烈的涡流，造成很大的总压损失，如图 2-81 所示。此外，涡轮出口的气流带有旋转运动，使流动路径增加，摩擦损失增加。最终都使气体轴向喷气速度减小，推力减小。装有中介管后，整流锥可使通道截面由环形逐渐变成柱形，从而减小了气体涡流损失，支板则可导引气流作轴向运动，减小了由于旋转运动所造成的损失，同时气流的减速扩压，也为在喷口的膨胀加速做准备。

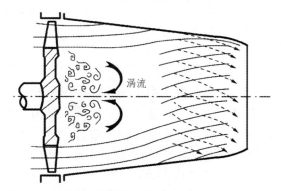

图 2-81 燃气在喷管内的流动情形（没有中介管时）

喷口位于喷管的尾部，通道呈收敛型，作用是使气体膨胀加速。

二、喷管的状态

根据亚音速气流在收敛型管道中作绝能、无摩擦流动时的流动特性，收敛型喷管的状态决定于 p_4^*/p_0 值的大小，有亚临界、临界和超临界 3 种工作状态。

1. 亚临界状态

此时 $p_4^*/p_0 < 1.85$（指燃气，对空气为 1.89）。气体总压较低，气体具有的膨胀加速能力较弱，$c_5 < a_5$。由于外界大气对发动机喷管内的气体而言为一扰动源，产生的一系

列弱的压缩波可逆着气流向前传播，进而影响喷管内的气体参数。所以，由于外界大气的反压作用使此时 $p_5 = p_0$，气体在喷管中完全膨胀。随着气体总压的增加，气体的膨胀能力增强，喷口处气流速度 c_5 相应增加。

2. 临界状态

当 p_4^* 增加，使 $p_4^*/p_0 = 1.85$ 时，喷口处于临界状态，$c_5 = a_5$，$p_5 = p_0$，气体在喷管中完全膨胀。

3. 超临界状态

随着气体总压进一步增加，就气体所具有的膨胀能力而言，气体可将气流加速到超音速，但由于收敛型喷管最多只能将气体加速到音速。所以，此时 $c_5 = a_5$，$p_5 > p_0$，气体膨胀不完全。当 p_4^* 继续增加时，喷口速度 c_5 将保持不变，p_5 将增加。

所以，就产生发动机推力而言，当喷管处于亚临界和临界状态时，由于 $p_5 = p_0$，气体完全膨胀，气体所具有的转变成动能的潜力充分发挥，所以没有推力损失；当喷管处于超临界状态时，由于 $p_5 > p_0$，气体所具有的转变成动能的潜力未充分发挥，所以存在推力损失，并且随着气体总压的进一步增加，推力损失越大。收敛型喷管推力损失与 p_4^*/p_0 的关系，如表 2-1 所示。

表 2-1　收敛型喷管推力损失与 p_4^*/p_0 的关系

p_4^*/p_0	1.85	2	4	10
R/R_{max}	1	0.99	0.94 ~ 0.96	0.84 ~ 0.90

一般来说，对飞行 $Ma < 1.5$ 的飞机，由于速度冲压作用不强，喷管处气体总压不高（此时因 $p_4^*/p_0 < 10$），推力损失最大不超过 16%，故采用结构简单、质量较轻的收敛型喷管；对飞行 $Ma > 1.5$ 的飞机，由于速度冲压作用较强，喷管处气体总压较高，应采用收敛-扩散型喷管，以使气体进一步在喷管的扩散段膨胀，将气体所具有的转变成动能的潜力充分发挥，从而进一步提高发动机推力。

由于民航机的飞行速度大多在亚音速段，所以都普遍采用收敛型喷管。

若不计喷管中的气流损失，气流在喷管中作绝能、无摩擦流动，根据理论推导，在不同的喷管状态下，收敛型喷管的喷气速度 c_5 为：

当喷管为亚临界状态时

$$c_5 = \sqrt{2\frac{k}{k-1} \cdot RT_4^* \left[1 - \frac{1}{\left(\dfrac{p_4^*}{p_0} \right)^{\frac{k-1}{k}}} \right]} \tag{2.25}$$

式中　T_4^*——喷管进口气体总温；

　　　p_4^*——喷管进口气体总压。

所以，此时喷气速度与 T_4^* 和 p_4^* 有关，当气体 T_4^* 增加时，气体的总能量增加，伴随气体的膨胀，可将更多的气体热能转变成动能，喷气速度增加，复燃加力式发动机就是通过进一步提高气体总温，从而提高发动机推力的；当气体 p_4^* 增加，气体膨胀能力增强，喷气速度增加。

当喷管为临界状态时

$$c_5 = \sqrt{\frac{2kR}{k+1}T_4^*} \tag{2.26}$$

所以，此时喷气速度只与喷管内气体总温 T_4^* 有关，总温增加，喷气速度越大。

三、喷管中的气流损失

气体在喷管中流动时，就产生发动机推力而言，存在的损失有：

1. 流动损失

气体在喷管中流动时，存在摩擦、气流分离等流动损失，对超音速喷管还可能存在激波损失。这些流动损失的存在，使气体的总压减小，从而使气体的膨胀加速能力削弱，喷气速度减小。

2. 散热损失

由于喷管中的燃气温度很高（一般在 300 ℃ 以上），所以必然有部分热量通过喷管壁散失到大气中，使气体的总温减小，喷气速度减小。

3. 喷气速度方向偏斜引起的损失

如图 2-82 所示，喷管出口喷气速度方向不可能完全与喷管轴线平行，存在径向速度分量。由于只有轴向速度分量才能产生推力，所以喷气速度方向偏斜将引起发动机推力损失（有的军用发动机的矢量喷管虽使推力损失有所增加，但改善了飞机的机动性）。

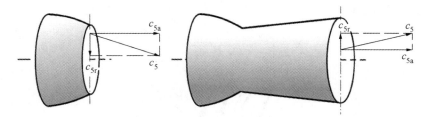

图 2-82　燃气流动方向与喷管轴线方向不平行

四、反推力装置

随着民航客、货运输事业的发展，大型、重型民航机相继投入运行，飞机的起飞、着陆重量越来越大，单纯靠飞机刹车、减速板等减速装置不足以使飞机迅速减速（尤其在湿滑跑道），从而使飞机着陆/中止起飞滑跑距离增加，直接影响飞机的起飞、着陆性能。同时由于城市机场的跑道资源有限，单纯靠延长跑道长度既不现实、也不经济。所以，必须采用一种效能更高的减速装置，发动机的反推装置就是目前民航机应用最广泛的一种，当飞机着陆时或中止起飞时，通过改变发动机喷气气流的喷射方向的方法，从而使发动机获得反推力，使飞机迅速减速，如图2-83所示。

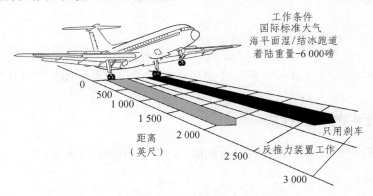

图 2-83　反推力的作用

1. 反推装置的基本工作

如图2-84所示，在飞机正常飞行中，发动机喷管气流向后流动，从喷口高速喷出，由于气体具有向后的加速度，必然受到发动机施加的向后的作用力，反过来，气体又提供给发动机向前的推力（正推力）；当发动机处在反推状态时，发动机喷管气流沿叶片导引的方向高速喷出，此时由于气体在发动机中具有向前的加速度，必然受到发动机施加的向前的作用力，所以气体又提供给发动机向后的推力（反推力）。

同发动机正推力类似，反推力的大小也可以通过动量方程推出，反推力公式为

$$R_{反} = \dot{m}_{空} \cdot (-c_5 \cdot \cos\alpha - v_{飞}) = -\dot{m}_{空}(c_5 \cdot \cos\alpha + v_{飞}) \tag{2.27}$$

式中　　α——反推射流速度水平夹角；

　　　　$v_{飞}$——飞行速度。

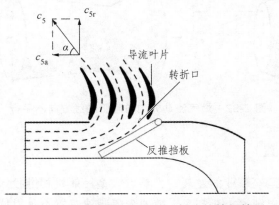

图 2-84　反推力装置工作时，气流的转折情形

　　所以，影响发动机反推力大小的因素有：空气流量、气流夹角、喷气速度和飞行速度。对使用中的发动机而言，由于气流夹角是固定的，而空气流量和喷气速度主要与反推状态下发动机转速有关，所以使用中发动机反推力的大小主要由发动机转速和飞行速度确定。

　　目前，大型、重型民航机中的发动机反推可以分为热气流反推和冷气流反推。热气流反推是指转折内外涵混合后气流的射流方向（如 JT3D、JT8D 发动机），如图 2-85、2-86 所示；冷气流反推是只转折外涵气流射流方向，如图 2-87、2-88 所示。由于高涵道比涡扇发动机推力主要由外涵产生，内涵所占比例较小，同时发动机内涵反推会给发动机带来许多不利的影响（如容易引起发动机喘振、熄火等）。所以，高涵道比涡扇发动机常采用冷气流反推，反推力只来自外涵，公式为

$$R_{反} = \dot{m}_{外} \cdot (-c_{5外} \cdot \cos\alpha + v_{飞}) + \dot{m}_{内}(c_5 - v_{飞}) \qquad (2.28)$$

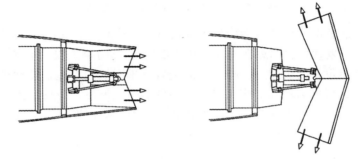

图 2-85　热气流反推

图 2-86　一种热气流反推的发动机

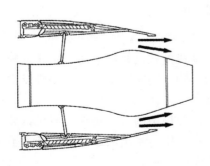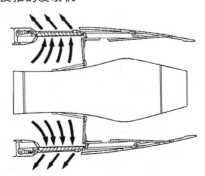

图 2-87　冷气流反推

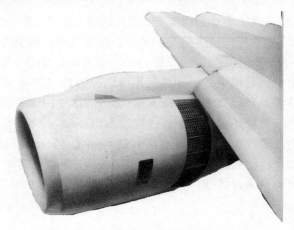

图 2-88　一种冷气流反推的发动机

　　发动机反推装置的工作通过油门杆上的反推手柄来控制，如图 2-89 所示。当飞机着陆或中止起飞时，发动机油门处在慢车位置（最后），此时可上提发动机反推手柄，通过液压机构使发动机反推装置展开工作。同时随着反推手柄的上提，发动机供油量增加，发动机转速增加，反推力增加。当飞机速度降低到一定值时，将反推手柄下压到底，液压机构使反推装置收起，发动机退出反推状态，回到慢车正推状态。

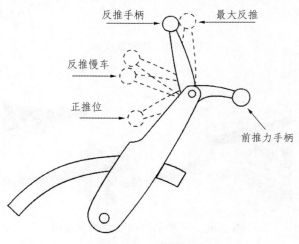

图 2-89　反推手柄

2.　反推力装置使用注意事项

　　对目前使用中的大、重型民航机而言，当发动机处在反推状态时，由于气流喷气方向发生转折，将对发动机的工作产生诸多不利的影响，同时正确使用发动机反推也直接影响飞机的飞行性能，所以机组在使用中应注意：

　　（1）只能在地面使用，禁止在空中使用。目前使用中的大、重型民航机都装有多台发动机，而且发动机大多分布在飞机大翼两侧，在空中一旦出现发动机反推力不平衡，产生的不平衡力矩将很大，飞行员很难操纵飞机恢复正常姿态，直接危及飞机飞行安全。

所以，发动机反推装置只能在地面使用（飞机着陆或中止起飞时），目前在大、重型民航机发动机的反推装置上设计了较为完善的保险装置，防止在空中发动机反推装置展开，同时也要求机组禁止在空中提起反推手柄。

例如，1991 年 5 月 26 日，奥地利航空公司一架 B767-300 飞机，在飞机爬升时左发动机反推自动展开（发动机电子控制系统故障），飞机失控，坠毁在泰国曼谷，223 名旅客和机组人员全部遇难。

（2）使用和退出时机要适宜。当飞机着陆主轮接地或中止起飞时，应及时上提发动机反推手柄，使反推装置迅速展开，由于此时飞机速度较高，可使发动机产生更大的反推力，使飞机迅速减速。试验表明，发动机反推装置的减速作用主要集中在初始滑行阶段。所以，使用发动机反推应及时（尤其在湿、滑跑道情况下）。

当飞机滑行速度较小时（一般为 60 ~ 80 km/h），应及时使发动机退出反推状态（紧急情况除外）。一方面可防止被射流卷起的地面砂石等外来物重新被发动机吸入，损坏发动机风扇叶片；另一方面若反推装置工作时，由于发动机进口空气流量迅速减小，发动机在反推状态工作时间过长，将容易引起压气机喘振和发动机超温。

（3）发动机最大反推状态应严格遵守发动机的使用规定（如 N1，EGT 等）。从而确保发动机及反推装置的使用寿命。

（4）一台发动机失效或大侧风着陆时，使用发动机反推要特别小心。当一台发动机失效时，若使用发动机反推，飞机横侧方向将很难保持，所以一台发动机失效时，建议不使用发动机反推；同时当飞机大侧风着陆时，在发动机反推状态下，将增加操纵飞机的难度，此时应小心使用发动机反推装置。

在地面测试发动机反推装置时，由于反推装置的液压机构响应速度很快，应特别注意地面人员的安全。

总之，实际飞行中，机组应严格按照飞机《飞行手册》要求正确使用发动机反推装置，在确保飞行安全的前提下，充分发挥发动机反推力装置的作用，确保飞机飞行性能。

【本章小结】

进气道的作用是将外部空气整流，以尽可能小的流动损失将气流引入发动机，满足发动机工作的需要。进气道分亚音速进气道和超音速进气道。目前，民航机上的发动机普遍采用亚音速进气道。

动力装置对进气道的基本要求是：流动损失小；外阻小；出口流场均匀；工作可靠，有效防尘、防冰。

速度冲压是指当飞行速度大于压气机进口气流速度时，气流在进气道中流速减小，压力、温度升高的现象。速度冲压大小用冲压比 $\pi^*_{\text{冲}}$ 来描述，飞行速度升高、大气温度降低、流速损失减小都将使 $\pi^*_{\text{冲}}$ 增加。

进气道中的流动损失有：摩擦损失、气流分离损失和激波损失。当飞机起飞或存在侧滑时，进气道气流分离损失较大。

超音速进气道常用于飞行 $Ma > 1.5$ 的超音速飞机上。它是通过采用多激波代替一道正激波，将超音速气流以尽可能小的总压损失和激波阻力转变成亚音速气流，顺利引入发动机。

超音速进气道分为：内压式、外压式和混合式。目前使用最广泛的是混合式超音速进气道。

压气机的作用是提高空气的压力，便于燃烧和膨胀，提高热能的利用率，改善发动机经济性。同时，压气机增压的空气还为飞机空调增压、飞机和发动机防冰和涡轮冷却提供可靠气源。压气机分为离心式、轴流式和混合式 3 种类型。目前大型民航机的发动机普遍采用轴流式压气机，中、小功率的涡桨、涡轴发动机普遍采用混合式压气机。

轴流式压气机是利用扩散增压原理提高空气压力的。叶轮和整流环通道都为扩散状，在叶轮中气体压力提高是相对动能减小的结果，在整流环中气体压力的提高是绝对动能减小的结果。从本质上讲，气体压力提高是叶轮对气体做功的缘故。

流量系数 $\bar{c}_a$ 是指叶轮进口气流轴向分速度 c_a 与叶轮圆周速度 u 的比值，流量系数 $\bar{c}_a$ 和气流冲角 i 都可以用来描述叶轮进口气流相对速度方向。

大型民航机上的燃气涡轮发动机，为了提高压气机增压比，压气机级数较多。多级压气机具有叶片高度逐渐减小、叶片弦长逐渐减小和叶片数目逐渐增多的特点。

压气机性能参数有：压气机增压比 π_k^*、压气机功 L_k、压气机效率 η_k 和压气机功率 N_k。影响压气机功率 N_k 的因素有：空气流量、压气机增压比、压气机效率和压气机进口气体总温。

压气机喘振是由于压气机进口空气流量的骤然减小而引起的气流沿压气机轴向发生低频高振幅的振荡现象，是压气机最主要的不稳定工作状态，其结果将对压气机和发动机的工作造成严重危害。

压气机喘振的发生是由于压气机工作状态严重偏离了设计状态而引起的叶轮叶背严重气流分离诱发的。在压气机工作中，当叶轮进口流量系数大于设计值过多时，最终将引起压气机通道堵塞，使压气机进入"涡轮"状态；当流量系数小于设计值过多时，最终将引起压气机喘振。

实际飞行中，引起压气机喘振的因素很多，主要有：当发动机转速低于设计值过多或压气机进口总温过高时，将诱发压气机前"喘"后"涡"；当压气机进口空气流量骤然减小时，将引起整台压气机前后级都喘振。

发动机结构上的防喘措施主要有：压气机中间级放气，可调静子叶片和采用双（三）转子结构。其中可调静子叶片和双（三）转子结构还可以提高压气机效率，改善发动机经济性。

飞行员应熟悉压气机喘振的现象、危害以及引起喘振的条件，掌握飞行中防止喘振的措施。

燃烧室的作用是组织燃料与空气稳定燃烧，产生高温、高压燃气，便于气体膨胀做功。在满足不熄火和不烧坏涡轮机体的基本前提下，要求燃烧室点火可靠，燃烧稳定、完全，总压损失小，排气污染小，以及出口温度场分布均匀。

燃气涡轮发动机燃烧室的基本工作特点是：① 燃烧是在高速气流中进行的；② 燃烧室出口温度受到涡轮叶片材料强度限制。

燃烧室通过内装火焰筒采用"先燃烧、后冷却"的方法，既满足了正常混合气的燃烧，又保证了涡轮工作的安全。通过扩压器减速和安装旋流器的方法，有效降低了气流轴向速度，从而在主流区靠近回流边界区域形成局部低速区，便于形成稳定的火焰前峰。同时通过改进燃油喷嘴，提高燃油雾化质量，提高火焰传播速度，也有助于火焰稳定。

燃烧室可分为单管、联管和环形 3 种。单管和联管燃烧室需要传焰管传焰和均压。目前大型民航机动力装置广泛采用环形燃烧室。

燃烧室熄火的根本原因是燃烧区混合气余气系数超出稳定燃烧范围。影响稳定燃烧范围的因素有燃烧进口气流速度和混合气初温、初压。

实际飞行中飞行高度和发动机转速直接影响燃烧室稳定燃烧范围。飞行高度升高，稳定燃烧范围变窄；发动机转速越高，稳定燃烧范围变宽。所以，高空小转速状态发动机最容易熄火。

飞行员应熟悉燃烧室熄火的原因和飞行条件对稳定燃烧范围的影响，掌握飞行使用中防止燃烧室熄火的措施。

涡轮的作用是使高温、高压燃气膨胀，将部分热能转变成涡轮机械功，带动压气机和发动机附件工作。涡轮导向器和涡轮叶轮通道都为收敛型，便于燃气膨胀。

高温、高压燃气流经涡轮叶轮时，由于气流相对速度增加，方向发生了转折，气流对叶轮施加的反作用力在切向上的分力推动叶轮转动。

涡轮中能量损失有：流动损失、漏气损失、机械损失和散热损失。

涡轮参数主要有涡轮前温度 T_3^*、涡轮功 L_T、涡轮效率 η_T、涡轮落压比 π_T^* 和涡轮功率 N_T。影响涡轮功率的因素有燃气流量、涡轮前温度、涡轮落压比和涡轮效率。

涡轮叶片的工作条件极其恶劣，要承受很高的热负荷、巨大的离心力和燃气交变应力。

涡轮叶片断裂的根本原因是作用在涡轮叶片上的内部应力超过了材料强度极限，使叶片产生裂纹，进而断裂。在发动机设计、制造方面，可通过采用高强度耐热合金，改进叶片制造工艺和加强涡轮叶片冷却等措施，提高涡轮叶片的强度。

涡轮叶片断裂是涡轮最主要的故障，飞行员应熟悉涡轮叶片的工作条件，掌握飞行使用中防止涡轮叶片断裂的措施。

喷管的作用是使气体继续膨胀，将气体的可用热能转变成动能，高速喷出，使发动机获得尽可能大的推力。

亚音速喷管的状态有亚临界、临界和超临界 3 种，由 p_4^*/p_0 值的大小决定。只有当喷管处在超临界状态时，气体在喷管中不能完全膨胀，存在推力损失。

喷管中的气流损失有流动损失、散热损失和速度方向偏斜损失。

目前，大、重型民航机正常着陆或中止起飞时，通常通过发动机反推力装置来使飞机迅速减速，缩短滑跑距离。飞行使用中，飞行员应正确、及时使用发动机反推力装置，确保其工作效率和发动机的安全。

复习思考题

1. 动力装置对进气通道有哪些基本要求？

2. 进气道中的流动损失有哪些？是如何形成的？

3. 超音速进气道的工作原理是什么？有哪些类型？

4. 试画出基元级速度三角形。说明什么是扭速。

5. 轴流式压气机的增压原理是什么？

6. 多级压气机有哪些特征？为什么？

7. 什么是压气机喘振？有哪些主要现象？有何危害？

8. 试画出 $\bar{c}_a > \bar{c}_{a设}$ 和 $\bar{c}_a < \bar{c}_{a设}$ 时，叶轮进口速度三角形。

9. 引起压气机喘振的条件有哪些？各有何特点？

10. 发动机结构上有哪些防喘措施？简述其工作机理。

11. 飞行使用中的防喘措施有哪些？一旦发生喘振如何处置？

12. 动力装置对燃烧室的基本要求有哪些？燃烧室工作的特点是什么？

13. 试简述火焰筒和旋流器的作用。

14. 燃气涡轮发动机常用哪几种燃油喷嘴？各有何特点？

15. 燃烧室熄火的根本原因是什么？简述飞行条件对稳定燃烧范围的影响。

16. 飞行使用中防止燃烧室熄火的措施有哪些？

17. 简述燃气对涡轮做功的原理。

18. 涡轮中的能量损失有哪些？

19. 影响涡轮功率的因素有哪些？是如何影响的？

20. 涡轮叶片的工作条件是什么？

21. 涡轮叶片断裂的原因是什么？在发动机设计制造和飞行使用中，有哪些防止叶片断裂的措施？

22. 收敛型喷管的工作状态有哪些？各有何特点？

23. 喷管中的气流损失有哪些？

24. 试述反推力装置的作用及使用注意事项。

第三章　发动机性能

本章将燃气涡轮发动机作为一个有机整体，分析发动机稳定工作状态（稳态）及过渡工作状态性能；双转子发动机工作特点；发动机推力及经济性；发动机的环境污染等。飞行员应熟悉发动机的性能特点，正确使用发动机。

第一节　单转子发动机稳态及过渡状态工作特性

单转子涡喷发动机是最简单的燃气涡轮发动机，其他类型的发动机都是在此基础上演变而来的。所以，理解单转子涡喷发动机的性能是分析其他类型发动机的基础。本节将分析单转子涡喷发动机的稳态、过渡状态性能特点及总的工作特性。

一、发动机的稳定工作状态

发动机工作时，压气机与涡轮组成的转子是在不停地转动着的，按照转子转动的具体情况，可以把发动机的工作分为稳定和过渡两种状态。稳定工作状态是指发动机在某一转速连续工作，即转速恒定不变的状态。

1. 稳定工作条件

燃气涡轮发动机工作时，涡轮发出的功率用来带动压气机和发动机必要的附件（如滑油泵、燃油泵、液压泵、发电机等）。由于发动机附件消耗的功率很小（仅为压气机功率的 1.5% ~ 2.0%），可以忽略不计，所以，发动机的转速取决于涡轮功率和压气机功率。要保持发动机转速不变，必须保证发动机转子功率的供需平衡，使涡轮功率 $N_涡$ 等于压气机功率 $N_压$，即

$$N_涡 = N_压 \qquad (3.1)$$

由于功率等于气体流量与 1 kg 气体功的乘积，上式可以写成

$$\dot{m}_{燃气} \cdot L_涡 = \dot{m}_{空气} \cdot L_压 \qquad (3.2)$$

式中　$\dot{m}_{空气}$——流经压气机的空气流量；

　　　$\dot{m}_{燃气}$——流经涡轮的燃气流量。

当压气机中间级放气装置关闭时，流经压气机的空气流量 $\dot{m}_{空气}$，从压气机引气用于

飞机空调增压及涡轮冷却的空气流量 $\dot{m}_{引气}$，进入燃烧室的空气流量 $\dot{m}_{燃烧室}$ 的关系为

$$\dot{m}_{空气} = \dot{m}_{燃烧室} + \dot{m}_{引气} \tag{3.3}$$

流经涡轮的燃气流量 $\dot{m}_{燃气}$，燃烧室的喷油量 $\dot{m}_{燃油}$，流经燃烧室的空气流量 $\dot{m}_{燃烧室}$ 的关系为

$$\dot{m}_{燃气} = \dot{m}_{燃烧室} + \dot{m}_{燃油} \tag{3.4}$$

所以，由以上两式可得

$$\dot{m}_{空气} = \dot{m}_{燃气} + \dot{m}_{引气} - \dot{m}_{燃油} \tag{3.5}$$

式（3.5）中，（$\dot{m}_{引气} - \dot{m}_{燃油}$）项随飞行条件不断变化，其值可能为正、负、零，但与 $\dot{m}_{空气}$、$\dot{m}_{燃气}$ 相比很小，可以忽略不计，将上式化简为

$$\dot{m}_{空气} = \dot{m}_{燃气} \tag{3.6}$$

所以，流经压气机的空气流量 $\dot{m}_{空气}$ 和流经涡轮的燃气流量 $\dot{m}_{燃气}$ 相等，即流量连续。当发动机流量连续时，功率相等条件可简化为

$$L_{涡} = L_{压} \tag{3.7}$$

2. 稳定工作状态的保持

在实际飞行中，影响发动机压气机功率和涡轮功率的因素较多，所以，发动机很容易偏离稳定工作状态，引起发动机转速变化，最终引起发动机推力变化较大，造成飞行操纵困难。例如，当飞机爬升时，此时发动机油门位置一定，随着飞行高度的增加，进入发动机的空气流量减少，燃烧室内混合气变富油，引起涡轮前温度升高，涡轮功增加，涡轮功大于压气机功，发动机转速将增加。所以，此时要保持发动机的稳定工作状态，必须随飞行高度的增加，相应地减少供油量，维持功率的平衡。实际上，发动机是通过燃油调节器感受飞行条件和发动机转速等参数的变化，自动调节供油量，保持发动机的稳定工作状态。

二、发动机的过渡工作状态

在实际飞行中，不但需要发动机保持某一稳定工作状态，而且根据使用的需要，还要求发动机从某一稳定工作状态迅速、安全地过渡到另一稳定工作状态，发动机转速随时间变化的状态，叫做过渡工作状态。其中，转速增大的工作状态，叫做加速状态；转速减小的工作状态，叫做减速状态。

1. 影响过渡性能的因素

对发动机转子应用动量矩定律，有

$$M_{\mathrm{T}} - M_{k} = J\frac{\mathrm{d}\omega}{\mathrm{d}t} \tag{3.8}$$

式中　　M_T ——涡轮旋转力矩；

　　　　M_K ——压气机负载力矩；

　　　　J ——发动机转子转动惯量；

　　　　$\dfrac{\mathrm{d}\omega}{\mathrm{d}t}$ ——转子角加速度。

因　　　　$$N = M \cdot \omega, \quad \omega = \frac{2\pi n}{60}$$

带入上式，可得

$$N_T - N_k = KJn\frac{\mathrm{d}n}{\mathrm{d}t} \tag{3.9}$$

其中　　　　$$K = \left(\frac{\pi}{30}\right)^2$$

　　由此，可以看出：当 $N_T = N_K$ 时，转速 n 不变，发动机保持稳态；$N_T > N_K$ 时，转速 n 增加，发动机为加速状态；$N_T < N_K$ 时，转速 n 减小，发动机为减速状态。

　　由（3.9）式，发动机从状态 1 过渡到状态 2，过渡过程的时间 t 为

$$t = \int_{n_1}^{n_2} \frac{KJ}{\Delta N} n\mathrm{d}n \tag{3.10}$$

其中　　　　$$\Delta N = N_T - N_K$$

式中　　ΔN ——剩余功率。

　　影响过渡过程时间的因素有：发动机剩余功率和发动机转子的转动惯量。当发动机流量连续时，剩余功率可展开为

$$\Delta N = \dot{m}_{空}(L_{涡} - L_{压}) \tag{3.11}$$

　　由此，可以看出，影响剩余功率的主要因素有：空气流量和涡轮前温度。

2. 加速过程

　　发动机从状态 A 加速时，随着油门杆前推，进入燃烧室的供油量增加，混合气变富油，涡轮前温度增加，涡轮功率增加，涡轮功率大于压气机功率，出现了剩余功率，发动机转速便增加。随着发动机转速不断增加，压气机负载功率逐渐增加，同时进入发动机的空气流量也不断增加，混合气逐渐向贫油方向发展，涡轮前温度逐渐回落，涡轮功率也逐渐回落，发动机剩余功率逐渐减小，最终当发动机加速到状态 B 时，剩余功率为零，发动机在新的转速状态 n_2 下稳定、连续工作。

　　发动机加速过程如图 3-1 所示，可以通过压气机特性曲线描述（如曲线 1 所示）。

　　加速时，如果供油量增加得多，则涡轮前温度升高会更快，涡轮功率增加得更多，此时剩余功率更大，转速增加就更快（如曲线 2 所示）；但如果加速时供油量增加过多，混合气过富油，涡轮前温度升高过快，发动机将容易出现喘振、超温和熄火（如曲线 3 所示）。

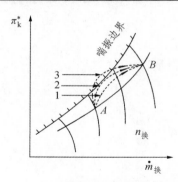

图 3-1　单轴发动机加速过程

实线—发动机稳态工作线；虚线—1、2、3 为发动机加速工作线

所以，加速时供油量的增加要适度，在发动机不发生喘振、超温和熄火情况下，尽可能增加供油量，以使发动机加速时间最短，保持发动机最佳加速性能，此时的发动机加速曲线叫做最佳加速曲线（如曲线 2 所示）。在实际发动机中，发动机最佳加速曲线是通过发动机燃油调节器中的加速控制器实现的。

从影响发动机过渡过程时间的因素中，可以进一步得出影响发动机加速性的因素主要有：

（1）发动机转子的转动惯量。转子越轻，发动机转动惯量越小，加速时间越短，加速性越好。

（2）发动机加速燃油量增加的快慢。在发动机安全工作前提下，加速时燃油量增加越多，涡轮前温度越高，发动机剩余功率越大，加速时间越短，加速性越好。

（3）空气流量。空气流量越大，发动机剩余功率越大，加速时间越短，加速性越好。所以，随着飞行高度增加，发动机加速性能变差；夏季飞行时或高湿度大气条件下，发动机加速性能也将变差。

3. 减速过程

发动机从状态 A 减速时，随着油门杆后拉，进入燃烧室的供油量减小，混合气变贫油；涡轮前温度降低，涡轮功率减小，涡轮功率小于压气机功率，发动机转速便降低。随着发动机转速不断降低，压气机负载功率逐渐减小，同时进入发动机的空气流量也不断减少，混合气逐渐向富油方向发展，涡轮前温度逐渐回升，涡轮功率也逐渐回升，最终当发动机减速到状态 B 时，涡轮功率等于压气机功率，发动机在新的转速状态 n_2 下稳定、连续工作。

发动机减速过程如图 3-2 所示，可以通过压气机特性曲线描述（如曲线 1 所示）。

减速时，如果供油量减小越多，则涡轮前温度降低会更快，涡轮功率减小得更多，转速降低就更快（如曲线 2 所示）；但如果减速时供油量减小过多，混合气过贫油，发动机将容易出现过富油熄火（如曲线 3 所示）。

所以，减速时与发动机加速时类似，供油量的减小要适度。在发动机不熄火情况下，尽可能减小供油量，以使发动机减速时间最短，保持发动机最佳减速性能，此时的发动机减速曲线叫做最佳减速曲线（如曲线 2 所示）。在实际发动机中，发动机最佳减速曲线是通过发动机燃油调节器中的减速控制器实现的。

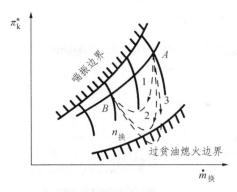

图 3-2　单轴发动机减速过程

实线—发动机稳态工作线；虚线—1、2、3 为发动机减速工作线

三、单转子发动机的工作特点

单转子发动机因其构造的原因，决定了在工作性能上具有以下特点：

（1）小转速（慢车转速左右）状态工作时，涡轮前温度较高；中转速状态工作时，涡轮前温度较低。由于在小转速状态工作时，发动机工作状态偏离发动机设计状态较远，压气机效率、涡轮效率、涡轮落压比都较小，所以，必须维持较高的涡轮前温度，才能确保所需的涡轮功率，从而保持发动机的稳定工作状态。

（2）发动机在小转速状态工作的稳定性较差，压气机增压比较低。

（3）发动机加速时，要注意防止压气机喘振（尤其是从中、小转速段加速时）、涡轮叶片失效（主要是大转速段加速时，防止涡轮前温度超温、超转）和燃烧室过富油熄火（主要是在高空加速时）。

（4）发动机减速时，要特别注意防止燃烧室过贫油熄火（尤其是在高空减速时）。

由于单转子发动机构造简单，便于制造，在早期的燃气涡轮发动机中应用较为广泛，但因其性能上的明显缺陷，现基本上被双转子发动机所取代。

第二节　双转子发动机特点及过渡过程特性

为了改善发动机经济性能，需提高压气机增压比。但是，压气机增压比增加到一定值以后，再进一步提高就会使发动机的稳定工作范围急剧减小，发动机性能急剧变差，采用双转子发动机后，可以解决这些问题。所以，目前航空燃气涡轮发动机广泛采用双转子发动机。

一、双转子发动机的特点

双转子发动机的基本工作与单转子发动机类似，本节主要介绍双转子发动机固有的特点及与单转子发动机在性能上的区别。

（一）双转子发动机的构造特点

双转子燃气涡轮发动机的燃气发生器，与单转子发动机一样，也包含压气机、燃烧室和涡轮。所不同的是，双转子发动机有两个转子，如图 3-3 所示。

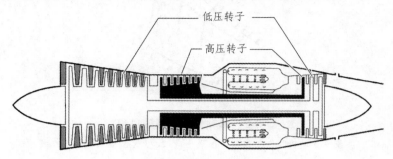

低压转子

高压转子

图 3-3　双转子发动机

从上图可以看出，整个压气机被分成前后两个部分，前面的叫做低压压气机，后面的叫做高压压气机；整个涡轮也被分成前后两个部分，前面的叫做高压涡轮，后面的叫做低压涡轮。低压压气机与低压涡轮的转子相连，组成低压转子，其转速用 N_1 表示；高压压气机与高压涡轮的转子相连，组成高压转子，其转速用 N_2 表示。

很明显地，对双转子发动机低压转子：$N_{TL} = N_{KL}$ 时，N_1 不变；$N_{TL} > N_{KL}$ 时低压转子加速；$N_{TL} < N_{KL}$ 低压转子减速。

对高压转子：$N_{TH} = N_{KH}$，N_2 不变；$N_{TH} > N_{KH}$，高压转子加速；$N_{TH} < N_{KH}$，高压转子减速。

两转子之间没有任何机机械联系，只有气动联系。这里所说的气动联系是指：空气首先经过低压压气机压缩，再经过高压压气机增压；膨胀时，高温、高压燃气首先在高压涡轮中膨胀，然后进一步在低压涡轮中膨胀。两转子的转速可以不同，一般来说，为了确保压气机的增压效率和降低压气机级数，高压转子的转速较之低压压气机转速高。

（二）性能特点

1. 大大提高了压气机的稳定性，压气机防喘裕度有效提高

双转子发动机将一个高增压比的压气机分成两个低增压比的压气机。由于两个低增压比压气机工作稳定性较好，在非设计状态下，双转子发动机具有一定的自动协调两转子转速而达到自动防喘作用，从而保证了高增压比的双转子发动机在非设计状态下压气机工作的稳定性。下面以换算转速下降为例，说明双转子发动机的防喘机理。

单转子发动机，当换算转速低于设计值过多时，最终将引起压气机前级流量系数小于设计值，诱发压气机进入喘振状态；后级流量系数大于设计值，引起压气机进入涡轮状态，即引起压气机前"喘"后"涡"，叶轮功前"重"后"轻"状态，如图 3-4 所示。

双转子发动机，当换算转速减小时，随着压气机增压比的减小，叶轮功将出现前"重"后"轻"状态，即在总的压气机功中，低压压气机功所占比例增加，高压压气机功所占

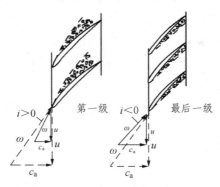

图 3-4　单轴轴流式压气机在转速低于设计值时叶轮进口速度三角形

比例减小；而涡轮功，当发动机处在大转速范围时，由于高、低压涡轮落压比和涡轮效率基本不变，随着压气机增压比的减小，在总的涡轮功中，高、低压涡轮功所占比例基本不变；当发动机处在小转速范围时，此时由于低压涡轮落压比和涡轮效率降低较多（较之高压涡轮），随着压气机增压比的减小，总的涡轮功中，低压涡轮功所占比例减小，高压涡轮功所占比例增加。所以，随着换算转速的减小，最终都会引起高压转子转速自动回升，低压转子转速进一步回落，从而使高压压气机的流量系数回落，低压压气机流量系数回升，有效减轻压气机前"喘"后"涡"现象，如图 3-5 所示。

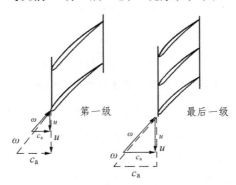

图 3-5　前后两级压气机的叶轮圆周速度与空气轴向分速相互协调的示意图

　　如图 3-6 所示，增压比为 9 时，单转子和双转子发动机的压气机稳定工作范围比较图。可以看出，双转子发动机压气机的稳定工作范围，无论是低压压气机，还是高压压气机，都比单转子发动机的压气机稳定工作范围宽。其中高压压气机的稳定工作范围还随换算转速降低变宽，这是由于换算转速降低时，高压压气机增压比减小，气流逆压差作用弱；同时因而低压压气机变"重"，高压压气机后部气流回冲阻力大。所以，随着换算转速降低，高压压气机的稳定工作范围变宽。

　　所以，双转子发动机，当发动机转速或飞行条件变化时，两转子能自动协调各自的转速，从而使发动机能够在一个较宽的工作范围内，保证压气机稳定工作。

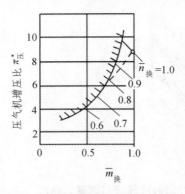

（a）单转子涡轮喷气发动机的压气机

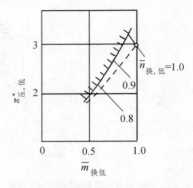

（b）双转子涡轮喷气发动机的低压压气机

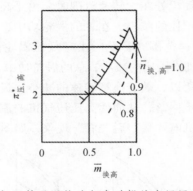

（c）双转子涡轮喷气发动机的高压压气机

图 3-6　单转子和双转子涡轮喷气发动机压气机稳定工作范围的比较

2. 有效提高了压气机效率、增压比，改善了发动机经济性

双转子发动机，当发动机状态偏离设计状态时，由于两转子能自动协调各自的转速，使气流在压气机各级叶轮和整流环内，气流分离大大减弱。由此，双转子发动机在非设计状态工作时，压气机效率的变化很小，如图 3-7 所示。

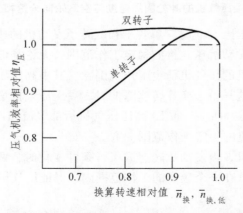

图 3-7　单转子和双转子涡轮喷气发动机的压气机效率随换算转速变化的情形

　　由于双转子发动机的压气机稳定工作范围较宽，压气机增压比得以较大提高，保证了发动机循环的热效率较高；同时，压气机中气流损失降低，压气机效率提高。所以，大大改善了发动机的经济性。

　　3. 在低转速工作时，涡轮前温度较低

　　由于双转子发动机在低转速工作时，压气机效率较高，所以，可有效降低涡轮前温度。双转子发动机涡轮前温度 T_3^* 随发动机转速变化如图 3-8 所示。

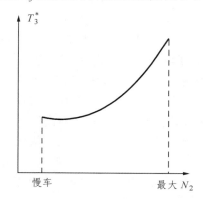

图 3-8　双转子发动机 T_3^* 与 N_2 的关系

　　事实上，双转子发动机通常都采用慢车状态（最小转速状态）进行发动机冷机、暖机。而且，用在大、重型民航机上的双转子涡轮风扇发动机，在低转速工作时，压气机可调静子叶片工作，还可进一步提高压气机效率，降低涡轮前温度。所以，这种发动机由于在低转速状态时，压气机的稳定工作范围较宽，涡轮前温度也较低，发动机的慢车转速可以选择较低的值，发动机在慢车状态下的推力更小，可大大改善飞机的着陆性能，减轻主轮的磨损。

　　4. 发动机便于启动

　　双转子发动机启动时，只需通过起动机带动一个转子（一般为高压转子），与同参数的单转子发动机比较，转子的转动惯量大大减少，可以采用功率较小的起动机，发动机便于启动。

　　5. 发动机加速性好

　　首先，双转子发动机由于压气机稳定工作范围较宽，低转速时涡轮前温度较低，所以加速时，加速供油量可以更多，剩余功率更大，加速时间缩短；其次，双转子发动机转子的转动惯量大大减轻，也有助于改善加速性能；同时，双转子发动机加速时，高温、高压燃气首先冲击高压涡轮，高压转子迅速加速，高压转子的抽吸作用使低压转子转速也很快上升，最终使整个发动机的加速性能改善。例如，单转子发动机加速时间一般为 10~15 s；双转子发动机加速时间一般为 5~10 s。

　　良好的发动机加速性将直接改善飞机的起飞、复飞性能。

　　双转子发动机用在涡桨、涡轴及桨扇发动机上，除同样具有上述优点外，还会进一步改善发动机性能，这些将在第四章介绍。但双转子发动机结构复杂，制造工艺要求高。尽管如此，双转子发动机以其优越的性能，占据了各种类型民航机动力装置的统治地位。今后，如果没有特殊说明，本书所指的发动机都是双转子发动机。

二、双转子发动机过渡过程特性

1. 加速过程

双转子发动机的高、低压转子间虽然没有任何机械联系，但却有密切的气动联系，正是这种气动联系，决定了双转子发动机加速时的特点。与单转子发动机不同的是，双转子发动机加速时，高温、高压燃气首先冲击高压涡轮，高压转子加速快。

对高压转子而言，加速过程与单转子发动机类似，如图3-9所示。发动机从状态A开始加速时，由于涡轮前温度急剧升高，燃气迅速膨胀、比容变大，高压涡轮导向器产生限流作用；同时，由于低压转子转速上升相对较慢，对高压压气机空气流量的增加产生节流作用。最终，在开始加速时，使高压压气机进口空气流量减小，发动机工作线沿喘振边界方向移动；随着高压转子转速迅速增加，空气流量增加，剩余功率减小，当高压转子加速到状态B时，高压涡轮功等于高压压气机功，发动机在状态B稳定、连续地工作。

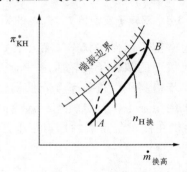

图3-9　高压转子加速过程

对低压转子而言，加速过程较为复杂，如图3-10所示。发动机从状态B开始加速时，由于高压转子转速迅速增加，高压压气机产生较强的抽吸作用，使发动机进口空气流量

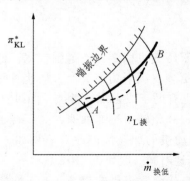

图3-10　低压转子加速过程

增加，低压压气机工作线很快沿远离喘振边界方向移动；随着低压转子转速增加，空气流量进一步增加，随着涡轮前温度的回落，剩余功率减小，当低压转子加速到状态 B 时，低压涡轮功等于低压压气机功，发动机在状态 B 稳定、连续地工作。

所以，双转子发动机加速时，加速供油量主要受到：① 压气机喘振限制（尤其是高压压气机喘振限制）；② 涡轮叶片失效限制（加速时涡轮前温度超温或发动机超转，引起涡轮叶片失效）；③ 燃烧室过富油熄火限制。

实际发动机加速程序是由燃油调节器中加速装置自动实现的，以保证发动机的最佳加速过程。

2. 减速过程

对高压转子而言，减速过程也与单转子发动机类似，如图 3-11 所示。发动机从状态 A 开始减速时，随着涡轮前温度降低，高压涡轮功率减小，高压涡轮功率小于高压压气机功率，高压转子转速便降低；随着高压转子转速不断降低，进入燃烧室的空气流量也不断减少，涡轮前温度逐渐回升，涡轮功率也逐渐回升，最终当发动机减速到状态 B 时，高压涡轮功率等于高压压气机功率，发动机在新的转速状态下稳定、连续地工作。

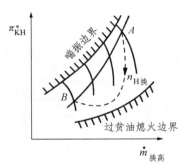

图 3-11 高压转子减速过程

对低压转子而言，减速过程也较为复杂，如图 3-12 所示。发动机从状态 A 开始减速时，由于高压转子转速迅速降低，高压压气机将产生较强的流动阻力，对低压压气机出口通道形成节流作用，使发动机进口空气流量进一步减小，低压压气机工作线将沿靠近喘振边界方向移动；随着低压转子转速降低，涡轮前温度的回升，剩余功率减小，当低压转子减速到状态 B 时，低压涡轮功等于低压压气机功，发动机在状态 B 稳定、连续地工作。

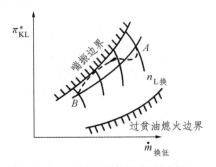

图 3-12 低压转子减速过程

所以，双转子发动机减速时，减速供油量主要受到：① 低压压气机喘振限制；②燃烧室过贫油熄火限制。

实际发动机减速程序是由燃油调节器中减速装置自动实现的，以保证发动机的最佳减速过程。

三、三转子发动机介绍

三转子发动机是在双转子发动机基础上发展而来的，它由低、中、高 3 个转子组成，如图 3-13 所示。从图上可以看出，整个压气机被分成前、中、后 3 个部分，前面的叫做低压压气机，中间的叫做中压压气机，后面的叫做高压压气机；整个涡轮也被分成前、中、后 3 个部分，前面的叫做高压涡轮，中间的叫做中压涡轮，后面的叫做低压涡轮。低压压气机与低压涡轮的转子相连，组成低压转子，其转速常用 N_1 表示；中压压气机与中压涡轮的转子相连，组成中压转子，其转速常用 N_2 表示；高压压气机与高压涡轮的转子相连，组成高压转子，其转速常用 N_3 表示。

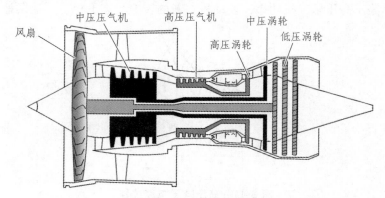

图 3-13　某三转子发动机

同样，三转子之间没有任何机械联系，只有气动联系。三转子的转速可以不同，一般说来，为了确保压气机的增压效率，降低压气机级数，高压转子的转速最高，其次是中压转子，低压压气机的转速最低。

三转子发动机基本性能与双转子发动机类似。但是，三转子发动机较之双转子发动机的特点，主要有：

1. 三转子发动机压气机的稳定工作范围更宽

由于压气机总增压比等于低、中、高压压气机增压比的乘积，当压气机总增压比相同时，三转子发动机各单个压气机的增压比更低，各单个压气机的稳定工作范围更宽，压气机总的工作范围也更宽。

2. 发动机工作效率更高，经济性更好

三转子发动机，当发动机状态偏离设计状态时，由于 3 个转子自动协调各自的转速，其性能更好，使气流在压气机各级叶轮和整流环内，气流分离更小。由此，三转子发动机在非设计状态工作时，压气机效率更高；同时，由于三转子发动机压气机稳定工作范围更宽，一方面，压气机总的增压比可以更高，发动机循环的热效率更高；另一方面，在压气机非设计状态时，压气机防喘放气量可以有效减少，发动机损失减小，发动机工作效率提高。所以，三转子发动机经济性更好。

3. 发动机抗外来物能力增强

用在涡扇发动机上的三转子发动机，风扇与低压涡轮构成低压转子，由于低压转子转速更低，风扇直径得以加大，一方面可使发动机涵道比增加；另一方面使外来物对发动机的破坏力被削弱，发动机抗外来物的能力大大增强。

三转子发动机较之双转子发动机，虽具有上述优点，但缺点也较为明显：① 三转子发动机结构复杂，重量加大。由于三转子发动机转子间没有任何机械联系，发动机转子结构极其复杂，制造工艺要求更高，发动机成本较高。② 发动机加速性能稍逊色于双转子发动机，主要是由于三转子发动机转子较多，发动机过渡过程时，多重转子惯性滞后造成的。

所以，在民用机动力装置中，三转子发动机目前并不普遍，只有英国罗·罗公司生产的著名的 RB-211 系列高涵道比涡扇发动机采用了三转子结构。

第三节　发动机的推力和经济性

发动机的推力和经济性是涡喷发动机和涡扇发动机主要的性能参数。本节将介绍表征发动机推力和经济性的参数，并简要分析飞行中影响推力和经济性的因素；介绍发动机常见的工作状态，并结合实例介绍发动机起飞推力的设置及减推力起飞方式。

一、表征发动机推力和经济性的参数

（一）表征推力的参数

对涡喷和涡扇发动机而言，发动机推力是发动机最主要的性能参数。发动机的推力只能在地面发动机试车台架上准确测出。实际上，发动机产生的巨大推力是通过发动机架传递给飞机的，所以，实际飞行中发动机推力无法准确测出，只能通过发动机的工作参数来间接表征发动机推力大小。目前，用来表征发动机推力的基本参数有：发动机转速 n 和发动机压力比 EPR。

1. 发动机转速 n

当油门前推时，进入燃烧室的燃油量增加，涡轮前温度增加，涡轮功增加，发动机转速增加，压气机增压比增加，进入发动机的空气流量增加；同时，燃气的膨胀能力增强，有更多的能量在喷管中转换成气体的动能，排气速度增加。所以，发动机推力随着发动机转速的增加而增加，发动机转速是影响发动机推力的最主要参数。这样，就可以通过测量发动机转速的大小来反映发动机此时推力的大小。

由于发动机转速容易测量，测量精度也较高；同时，发动机转速不仅是影响发动机推力的最主要参数，而且还可以较为全面地反映发动机承受的机械负荷的大小，反映发动机的强度和发动机状态。所以，发动机转速可表征发动机推力大小，并作为推力设置的最基本参数。

高涵道比涡轮风扇发动机，由于发动机推力主要由外涵风扇产生，所以常用发动机低压转子转速 N_1（即风扇转速），来表征发动机推力大小。

如 GE90 和 CFM56 涡扇发动机都用风扇转速 N_1 来表征发动机推力大小。

2. 发动机压力比 EPR

发动机压力比 EPR 是指涡轮出口总压 p_4^* 与压气机进口总压 p_1^* 之比，如图 3-14 所示。即

$$EPR = \frac{p_4^*}{p_1^*} \tag{3.12}$$

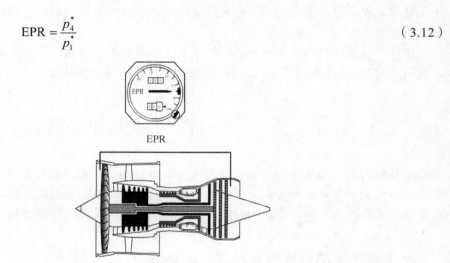

图 3-14　发动机内涵 EPR

高涵道比涡轮风扇发动机，由于发动机推力主要由外涵风扇产生，所以，一些发动机压力比测量的是风扇出口气体总压与风扇进口气体总压之比，如图 3-15 所示。即

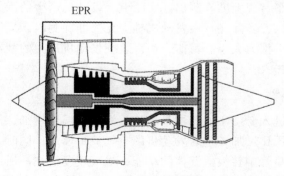

图 3-15　发动机外涵 EPR

$$\mathrm{EPR} = \frac{p_{5\mathrm{II}}^*}{p_1^*} \tag{3.13}$$

发动机压力比 EPR 描述了气体在发动机内获得的总压增量。EPR 越高，气体在发动机内获得的机械能增量越大，气体在喷管内膨胀能力越强，排气速度越高，发动机推力越大。所以，发动机 EPR 值可以反映发动机推力的大小，并且当发动机转速一定时，其他因素的变化对推力的影响，也可以通过 EPR 值反映出来（如当压气机叶片积污，叶片增压效率降低，发动机推力减小时，在同样的发动机转速下，EPR 将减小）。因而，发动机压力比 EPR 可以更为准确反映发动机推力的变化。目前，许多涡轮风扇发动机采用发动机压力比来表征发动机推力大小，并作为推力设置的最基本参数。如 PW4000、V2500 涡扇发动机通过内涵 EPR（ p_4^* / p_1^* ）来表征发动机推力的大小，RB211 涡扇发动机通过外涵 EPR（ $p_{5\mathrm{II}}^* / p_1^*$ ）来表征发动机推力的大小。

发动机压力比 EPR 虽然较之发动机转速 n 更为准确反映发动机推力的变化，但是，测量 EPR 对传感器要求高，测量精度及可靠性也不及测量转速高；而且，EPR 值不能全面反映发动机的强度。所以，用 EPR 表征发动机推力时，必须同时监控发动机转速（涡扇发动机主要为风扇转速 N_1 ），从而进一步确认发动机的推力。

（二）表征发动机经济性的参数

发动机工作时，燃料燃烧后所放出的热能，并不能全部用来对飞机做功，推动飞机前进，还有很大一部分能量在转换成推进功的过程中损失掉了。能量损失的大小可用发动机的效率来描述，所以发动机效率的高低可以准确反映出发动机的经济性的好坏。

1. 有效效率

从发动机推力的产生可以看出，燃料燃烧释放出的化学能，通过发动机各部件的工作，部分能量转换成气体的动能，使气体在发动机中获得速度增量，从而产生推力。

发动机工作时，若燃料加给 1 kg 气体的理论放热量为 q_1，流过发动机 1 kg 气体的动能增量为 $[(c_5^2 / 2) - (v_飞^2 / 2)]$ 。

有效效率定义为流过发动机 1 kg 气体的动能增量与加给这部分气体的燃料的理论放热量之比，用 $\eta_{有效}$ 表示。公式如下

$$\eta_{有效} = \frac{(c_5^2 - v_飞^2)/2}{q_1} \tag{3.14}$$

燃料的理论放热量，不可能全部转换成气体动能，其中损失的能量有：

（1）高温燃气自喷管喷出时所带走的热量。

（2）发动机表面的散热损失和滑油所带走的热量。

（3）燃烧室中不完全燃烧和燃烧产物的离解损失的热量，因未释放出的热量及中间燃烧产物的热量最终也随燃气排出发动机。

气体流动过程中的流动损失和机件的摩擦损失，都将变成热能散失到大气中，应计入前两项。由于燃气排气温度很高（一般在 300 ℃ 以上），所以高温燃气自喷管喷出时

所带走的热量是发动机最主要的一部分能量损失，减小这部分能量损失的主要方法是通过提高发动机增压比，提高燃气的膨胀能力，将更多的热能转换成气体的动能增量，使热能的利用率提高，从而提高发动机的有效效率。

有效效率描述了发动机由热能转变成气体动能增量过程中能量损失的大小，评定了燃气涡轮发动机作为热力机的经济性。目前燃气涡轮发动机的有效效率为 25% ~ 40%。

2. 推进效率

飞机在飞行中，若发动机推力为 R，发动机的空气流量为 $\dot{m}_空$，飞机飞行速度为 $v_飞$，则：单位时间内发动机对飞机所做的推进功为 $(R \cdot v_飞)$；单位时间内，流过发动机的气体动能增量为 $\dot{m}_空 \cdot (c_5^2 - v_飞^2)/2$。

推进效率定义为发动机对飞机所做的推进功与流过发动机的气体动能增量之比，用 $\eta_{推进}$ 表示。公式为

$$\eta_{推进} = \frac{R \cdot v_飞}{\dot{m}_空 \cdot (c_5^2 - v_飞^2)/2} \tag{3.15}$$

气体流过发动机时所获得的动能增量，只有一部分转换成飞机推进功，其余的部分随喷出的气体散失到大气中，损失的这部分能量叫做动能损失或离速损失。单位时间内，流过发动机气体的动能损失经推导为 $\dot{m}_空 \cdot \dfrac{(c_5 - v_飞)^2}{2}$；对 1 kg 气体为：$(c_5 - v_飞)^2/2$。

推进效率描述了发动机由气体动能增量转变成飞机推进功过程中能量损失的大小，评定了燃气涡轮发动机作为推进器的经济性。

推进效率与飞行速度 $v_飞$ 和喷气速度 c_5 有密切关系，当喷气速度 c_5 与飞机飞行速度越接近时，气体动能损失越小，发动机推进效率越高。将推进效率公式进一步简化为

$$\eta_{推进} = \frac{2}{1 + (c_5 / v_飞)} \tag{3.16}$$

由此可见，发动机的推进效率只取决于飞机飞行速度与喷气速度的比值，图 3-16 通过曲线表示了推进效率随 $v_飞 / c_5$ 变化的情形。通过此曲线，我们可以得出以下结论：

（1）当飞行速度为零，即发动机在地面工作时，$v_飞 = 0$，此时发动机的推力功为零，推进效率也为零，气体动能增量没有对飞机产生推进效果。

（2）当 $v_飞 / c_5$ 逐渐增大，喷气速度 c_5 与飞机飞行速度越接近，气体动能损失越小，发动机推进效率越高。当 $v_飞 / c_5$ 接近于 1 时，气体动能损失接近为零，发动机推进效率也接近于 1。

从发动机经济性角度，推进效率越高越好。但是，推进效率趋近于 1 时，飞行速度趋近于喷气速度，气体速度增量接近为零。此时，因需确保一定的发动机推力，发动机的空气流量势必很大，带来发动机迎风面积过大，飞行阻力很大。所以，要使飞行速度等于喷气速度是不可能的，发动机推进效率也不可能为 1，目前燃气涡轮发动机的推进效率一般为 50% ~ 75%。

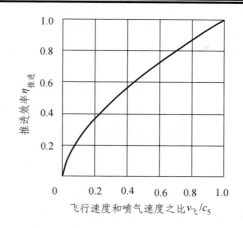

图 3-16 $\eta_{推进}$ 随 $v_{飞}/c_5$ 变化的情况

3. 发动机总效率

总效率定义为发动机对飞机所做的推进功与此时燃料的理论放热量之比，用 $\eta_{总}$ 表示。公式为

$$\eta_{总} = \frac{R \cdot v_{飞}}{\dot{m}_{空} \cdot q_1} \tag{3.17}$$

将上式稍作变换，可以得出

$$\eta_{总} = \eta_{推进} \cdot \eta_{有效} \tag{3.18}$$

所以，发动机总效率等于其有效效率与推进效率的乘积。

总效率描述了发动机由热能转变成推进功过程中总的能量损失，评定了燃气涡轮发动机作为产生推力的动力装置的经济性。目前，燃气涡轮发动机总效率为 20% ~ 32%。

若将燃料的理论放热量定义为 100%，则各部分的能量分配比例如图 3-17 所示。

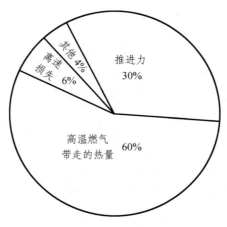

图 3-17 能量分配图

当飞机飞行速度一定时，影响发动机总效率的主要发动机性能参数有：

（1）发动机总压比。总压比增加，热能的利用率提高，发动机有效效率增加，总效率增加。

（2）涡轮前温度。涡轮前温度 T_3^* 对发动机总效率的影响较为复杂。T_3^* 温度增加时，一方面气体动能增量增加，发动机有效效率增加；另一方面喷气速度增加使离速损失增加，发动机推进效率降低。所以，T_3^* 温度对发动机总效率的影响随不同的发动机类型而不同，以后将作具体分析。

（3）压气机效率和涡轮效率。压气机效率和涡轮效率增加，气流损失减小，发动机有效效率增加，总效率增加。

（4）燃烧效率。燃烧效率越高燃料燃烧越完全，燃料热能损失越小，发动机有效效率越高，总效率越高。

4. 燃油消耗率与发动机总效率的关系

燃油消耗率（SFC）从实际的燃料消耗与发动机推力输出角度来衡量发动机的经济性；燃气涡轮发动机是将燃料的热能转换成飞机推进功的动力装置，发动机总效率正好描述了这一转换过程的能量损失，所以，它可以准确衡量发动机的经济性。由于燃油消耗率和总效率从不同侧面都描述了发动机的经济性，所以两者间必然存在一定联系。推导如下：

若发动机每小时的燃油消耗量为 $\dot{m}_{时燃}$（kg/h）；发动机推力为 R（daN）；发动机空气流量为 $\dot{m}_{空}$（kg/s）；加给 1 kg 气体的热量为 q_1（J/kg）；飞机飞行速度为 $v_飞$；燃料低热值为 $H_低$（J/kg）。由发动机燃油消耗率的定义

$$SFC = \frac{\dot{m}_{时燃}}{R} \tag{3.19}$$

可进一步推导出

$$SFC = \frac{3\ 600}{H_低} \cdot \frac{v_飞}{\eta_总} \tag{3.20}$$

由此可见，只有当飞机飞行速度一定时，SFC（燃油消耗率）的大小才能反映出发动机的经济性，并与总效率成反比。因此，当发动机输出的推力一定时，发动机总效率越高，说明能量损失越小，发动机的燃油消耗必然较少。

二、使用中影响发动机推力和经济性的主要因素

实际飞行中，影响发动机推力和经济性的因素较多，主要有发动机转速、飞行条件、压气机引气、发动机维护质量等。下面逐一简要分析。

（一）发动机转速

随着发动机转速增加，压气机增压比增加，进入发动机的空气流量增加；同时涡轮

前温度逐渐增加，燃气的膨胀能力增强，有更多的能量在喷管中转换成气体的动能，排气速度增加。所以，发动机推力增加，并且随着发动机转速的进一步增大，由于压气机增压比和涡轮前温度的迅速提高，发动机推力增加更为迅速。

随着发动机转速增加，压气机增压比增加，压气机效率和涡轮效率增加，所以发动机总效率增加，发动机燃油消耗率减小。根据试验，不同转速下，发动机推力 R 和燃油消耗率 SFC 如图 3-18 所示。

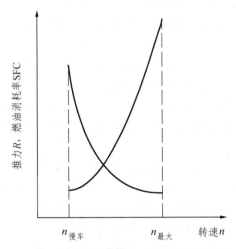

图 3-18　发动机转速对推力和燃油消耗率的影响

实际飞行中，发动机转速大小是由油门杆位置给定的，当油门在最后位置时，对应的发动机转速为慢车转速；当油门杆在最前位置时，对应的发动机转速为最大转速。

（二）飞行条件

实际飞行中常见的影响发动机推力和经济性的飞行条件主要有：大气温度、大气压力、大气湿度、飞行高度、飞行马赫数等。

1．大气温度

大气温度降低时，一方面空气密度增加，空气流量增加。同时，低温空气易于压缩，发动机增压比增加，空气流量进一步增加；另一方面当涡轮前温度一定时，发动机加热量增加，有更多的热能转换成气体动能，气体速度增量增加。所以，大气温度降低时，发动机推力增加。

大气温度降低，由于发动机增压比增加，总效率增加，燃油消耗率降低。

在其他参数保持不变时，根据试验结论，大气温度对发动机推力和燃油消耗率的影响，可由下式表示

$$\frac{R}{R_0} = \left(\frac{T_0}{T}\right)^2 \tag{3.21}$$

$$\frac{\text{SFC}}{\text{SFC}_0} = \frac{\sqrt{T}}{\sqrt{T_0}} \tag{3.22}$$

式中　　T_0——海平面标准大气温度；

R_0、SFC_0——海平面标准大气条件下的推力和燃油消耗率；

T——非标准大气温度；

R、SFC——非标准大气温度时的推力和燃油消耗率。

由此可见，发动机推力与大气温度（绝对温度）的平方成反比；发动机燃油消耗率与大气温度（绝对温度）的平方根成正比。

例如，由夏季转入冬季时，假设大气温度由 + 30 ℃ 变为 – 30 ℃，由上式计算可知，在同样的发动机转速下，发动机推力相差可达 45% 左右。由于大气温度变化对发动机推力影响显著，所以在炎热的夏季（尤其在高原机场），发动机推力性能变差，进而会影响飞机的飞行性能（如起飞滑跑距离，复飞性能等），机组应严格遵守发动机及飞机的限制（如起飞、着陆重量等）。

由于在炎热的夏季，发动机推力将明显降低，进而会影响飞机的飞行性能，所以早期的民用燃气涡轮发动机，通常采用在压气机或燃烧室进口喷水（通常为水和酒精的混合液）的方法，来提高发动机的推力，如图 3-19、3-20 所示。

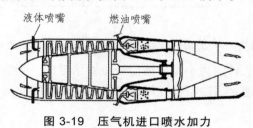

图 3-19　压气机进口喷水加力

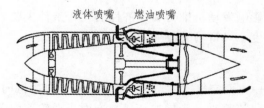

图 3-20　燃烧室进口喷水加力

在压气机进口喷水加力的方式：喷水装置工作时，喷出的液体与压气机的空气混合，液体在压气机内蒸发吸热，使压气机进口空气温度降低，压气机增压比增加，空气流量增加，发动机推力增加。但这种加力方式，液体可能在压气机叶片上结冰；同时，液体的消耗量较大（若推力增加 30%，喷液量约为空气量的 10%），发动机重量增加。

对在燃烧室进口喷水加力的方式：喷水装置工作时，液体在燃烧室内受热蒸发，并与燃气混合。燃气中混合了液体蒸汽后，燃气流量增加，使发动机推力增加；同时，由于涡轮导向器的限流作用，使发动机进口空气流量减小，进而使压气机的增压比增加，发动机推力进一步增加。这种加力方式，虽可避免压气机叶片结冰，但容易引起压气机喘振；而且增加同样推力时，液体的消耗量大得多，发动机重量增加较多。早期轴流式压气机式的民用发动机常采用这种方式。如 JT3D 发动机和斯贝 MK-511 发动机。

压气机或燃烧室进口喷水加力的混合液内加入酒精，不仅具有防冻作用，还可在燃烧室中燃烧，使涡轮前温度得到恢复，可进一步提高发动机推力。

由此可以看出，喷水加力方式存在明显的缺陷。现代燃气涡轮发动机由于涡轮材料和制造工艺水平的不断提高，通过提高涡轮前温度来提高发动机推力，发动机的推力储备大大增加，从而满足了飞机飞行性能的需要。所以，目前燃气涡轮发动机已不采用喷水加力的方式。目前，高涵道比涡扇发动机可以将发动机起飞推力保持到在海平面大气温度升高到 30 ℃ 以上。

2. 大气压力

大气压力增加时，空气密度增加，空气流量增加；同时，由于大气压力增加时，发动机各截面气体压力成比例增加，喷管中气体的膨胀能力（膨胀比）不变。所以，发动机推力随着大气压力的增加成正比增加，即：

$$\frac{R}{R_0} = \frac{p}{p_0} \qquad\qquad (3.23)$$

式中　p_0——海平面标准大气压力，1 013 hPa；

　　　R_0——海平面标准大气条件下的推力；

　　　p——非标准大气压力；

　　　R——非标准大气压力时的推力。

例如，在其他条件不变情况下，某高原机场的标高为 4 334 m，在相同的发动机转速下，与另一标高为 495 m 的某平原机场比较，发动机推力相差近 40%。实际飞行中，大气压力变化较大，对发动机推力影响显著。由于在高原机场（尤其在炎热的夏季），发动机推力性能将变差，进而会影响飞机的飞行性能，所以，机组应严格遵守发动机及飞机的限制规定。

由于大气压力变化时，发动机增压比、涡轮前温度、压气机和涡轮效率均不变，所以发动机燃油消耗率不变。

3. 大气湿度

大气湿度对发动机推力也有影响，当气体湿度较大时，气体中水的成分增加，气体密度减小，进入发动机的空气流量减小；同时大气湿度增加，燃烧速度减慢，涡轮前温度降低，燃气膨胀能力降低，排气速度减小；最终发动机推力减小。

大气湿度除对发动机推力有影响外，更主要的是对飞机及发动机部件的腐蚀作用，尤其在沿海地区，高湿度大气中的卤族成分的物质将严重影响飞机及发动机部件的使用寿命。所以，长期在这些地区执行飞行任务的飞机，需要对飞机及发动机进行特别的维护。

4. 飞行高度

以上，我们分析了大气温度和大气压力各自对发动机推力和燃油消耗率的影响。下面分析飞机飞行高度变化时，发动机推力和燃油消耗率的变化。下面以发动机保持高压转子转速 N_2 不变为例，说明飞行高度对发动机推力和燃油消耗率的影响。

当发动机燃油调节器保持 N_2 转速不变，飞行高度升高时，大气压力降低，大气温度降低，空气密度降低，进入发动机的空气流量减小。此时，对发动机有以下 3 个方面的影响：

（1）空气流量的减小将使发动机推力减小。

（2）大气温度的降低又使发动机推力有所恢复。

（3）大气温度降低，发动机换算转速升高，压气机功具有前"轻"后"重"趋势，使高压转子转速 N_2 有下降趋势，低压转子转速 N_1 有增大趋势。此时，发动机燃油调节器将自动增加供油量，提高涡轮前温度，保持高压转子转速 N_2 不变，N_1 将增加更多。所以，由于涡轮前温度增加，N_1 增加，又使发动机推力得到一定程度的恢复。

根据试验，最终飞行高度对发动机推力的影响，如图 3-21 所示，在 11 000 m 以下时，由于空气流量的减小是主要因素，所以推力随飞行高度增加而降低；在 11 000 m 以上时，随着飞行高度增加，大气温度不再变化，大气压力减小，空气流量减小更多，发动机推力下降更快。

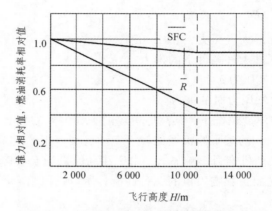

图 3-21　飞行高度对燃油消耗率的影响

根据试验结论，发动机在 11 000 m 工作时，在同样的发动机转速（N_2）下，推力只有在海平面工作时的 35% ~ 40%。

飞行高度对发动机燃油消耗率的影响，如图 3-21 所示，在 11 000 m 以下时，由于大气温度降低，燃油消耗率随飞行高度增加而降低；在 11 000 m 以上时，随着飞行高度增加，大气温度不再变化，燃油消耗率不变。

通过飞行高度对发动机推力和燃油消耗率的影响，可以看出，在 11 000 m 以下，随着飞行高度的增加，因发动机燃油消耗率降低，经济性变好，而推力下降较为缓慢，燃气涡轮发动机在一定的飞行高度范围内具有较好的高空性能。所以，目前大型民航机当航程较大时，其巡航高度一般都在此高度左右，以充分发挥发动机的潜力。

5. 飞行马赫数

在实际飞行中，根据不同的飞行阶段和飞行计划，飞机飞行速度是变化的，其对发动机推力的影响较为复杂，而且随着发动机的类型不同（如涡喷、涡扇），其影响结果也不同，即使为同一类型发动机（如涡扇），因结构参数变化（如涵道比变化），其影响结果也不一样。下面，我们以涡扇发动机为主，作简要介绍。同样以发动机保持高压转子转速 N_2 不变为例，说明飞行马赫数对发动机推力的影响。

当发动机燃油调节器保持 N_2 转速不变，飞行马赫数增大时，速度冲压增强，压气机进口总温 T_1^* 增加，发动机空气流量增加。总的来说，对发动机的推力和经济性的影响主要取决于以下 3 个方面：

（1）随着飞行马赫数的增加，进入发动机的气流速度增大，虽速度冲压的作用使喷管内气体的膨胀能力增强，使排气速度增加，但气体在发动机内的速度增量仍将减小，使发动机推力降低。

（2）随着飞行马赫数的增加（尤其当 $Ma > 0.5$ 时），进入发动机的空气流量增加，使发动机推力增加。

（3）当发动机保持高压转子转速 N_2 不变时，随着飞行马赫数的增加，压气机进口总温 T_1^* 增加，发动机换算转速降低，压气机功具有前"重"后"轻"的趋势，使高压转子转速 N_2 有增加、低压转子转速 N_1 有减小趋势。此时，发动机燃油调节器将自动减小供油量，降低涡轮前温度，保持高压转子转速 N_2 不变，N_1 将减小更多。所以，由于涡轮前温度降低，N_1 减小，又使发动机推力进一步降低。

根据试验，飞行马赫数对各种涵道比的发动机推力的影响，如图 3-22 所示。由此可以看出：涡喷发动机（相当于涵道比为零时）和低涵道比（涵道比在 0.5 以下）的涡扇发动机在相当大的速度范围内（Ma：$0.5 \sim 2.0$），发动机推力随飞行马赫数增加而增加，速度性能较好，所以这种发动机适宜作超音速飞行；涵道比较高的涡扇发动机，随着涵道比的增加，外涵空气流量所占比例更多，由于外涵空气仅经过风扇加压，所以当飞行马赫数增加时，外涵空气速度增量减小更多，发动机推力进一步降低，发动机速度性能逐渐变差。所以，对高涵道比（涵道比在 3 以上）的涡扇发动机，发动机推力随着飞行马赫数的增加而不断下降，因而高涵道比涡扇发动机不适宜作超音速飞行。

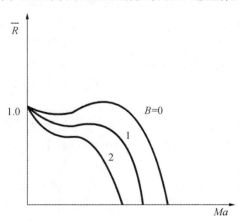

图 3-22　飞行马赫数对推力的影响

因飞机飞行速度变化，所以此时燃油消耗率的变化已不能反映发动机的经济性，发动机经济性只能由发动机总效率的变化来反映。下面，首先分析发动机总效率随马赫数的变化情况。

由于飞行马赫数增加时，发动机增压比增加，发动机有效效率增加；同时，因气体的速度增量不断减小，气体动能损失减小，发动机推进效率增加，所以，总效率增加，发动机经济性变好。但当飞行马赫数过高（对涡喷，当 $Ma \geqslant 3.0$）时，由于 T_1^* 过高，压气机效率降低，同时气流损失加大，最终使有效效率降低，总效率降低。

通过燃油消耗率与发动机总效率的关系，可以看出：飞行马赫数增加时，飞行速度增加，燃油消耗率增加；而此时发动机总效率增加又使燃油消耗率有所回落。经过试验，最终，燃油消耗率随飞行马赫数的增加而增加，如图3-23所示。

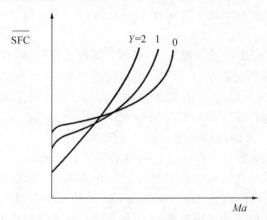

图 3-23　飞行马赫数对燃油消耗率的影响

（三）压气机引气

为了确保飞机各系统和发动机的工作正常，需要从压气机引出部分增压空气，主要用于飞机客舱和驾驶舱的空调、增压、涡轮冷却、飞机及发动机防/除冰以及压气机防喘。压气机引气的结果，一方面使部分高压空气未对涡轮做功和在喷管中膨胀产生推力，使燃气流量减少，发动机推力降低；另一方面引气量增加使涡轮功率有所下降，发动机转速将降低，此时发动机燃油调节器将自动增大供油量，使涡轮前温度升高，最终保持转速不变。由于涡轮前温度升高将使燃气排气速度增加，发动机推力得到一定恢复。

总的来说，压气机引气，一方面可以使压气机的稳定工作范围变宽；另一方面也使涡轮前温度升高，燃油消耗量增加，发动机推力减小，燃油消耗率增加，对发动机推力及经济性均造成不利影响，发动机加速性也变差。所以，在飞机起飞、着陆阶段（尤其在高温、高原机场），应尽量减少压气机的引气量，以确保发动机的推力性能及发动机使用寿命。如 CFM56-3 发动机采用无发动机引气（指空调、增压气源）起飞时，发动机 N_1 转速可以提高 1%，发动机起飞推力可以提高 3%～4%，从而改善了发动机的推力性能。

（四）发动机维护质量

实际飞行中，空气中的沙尘等将随气流进入发动机，沉积到进气道、压气机叶片和发动机机匣等表面，引气发动机积污。当发动机积污到一定程度，将使引气气流分离加剧，压气机增压效率降低，涡轮前温度升高，空气流量减小，发动机推力和经济性变差，引起发动机性能衰减。如 CF6-60 发动机，若压气机效率或者涡轮效率降低 1%，排气温度上升 10 ℃，燃油消耗率上升 0.6%。所以维护人员应定期用专门的清洗液对发动机进行清洗，以恢复发动机的性能。如 CFM56-5 发动机积污时，用清洗剂和热水对发动机进行涵道清洗，发动机排气温度可降低 15 ℃，发动机燃油消耗率可降低 0.5% ~ 1%。

以上简要分析了影响发动机推力和经济性的主要因素，实际飞行中，影响发动机推力和经济性的因素还很多，如在大雨中飞行，发动机推力将减小；风扇和压气机遭外来物击伤，其增压效率降低将引起推力减小，经济性变差，等等。所以，作为机组成员，不仅要在飞行中注意对发动机状态进行监控，而且，在每次飞行前必须按《飞行手册》要求，切实做好飞行前的检查工作，以确保飞机和发动机处在良好状态。

三、发动机使用性能

（一）发动机的工作状态

飞机在飞行中不同的飞行阶段对发动机的推力（功率）有不同要求，因而发动机对应有不同的工作状态。实际飞行中，不同的油门位置，对应了不同的发动机转速，给定了不同的发动机状态，由发动机推力和燃油消耗率随发动机转速变化曲线，可以得到以下常见的发动机状态。

1. 最大状态

发动机在最大转速和最高涡轮前温度时的状态，此时发动机可发出最大推力。

飞机在紧急起飞，短跑道起飞，高温、高原机场起飞时，为了尽可能缩短起飞滑跑距离，可使用发动机最大状态。飞机复飞时，为了获得最大上升率，也可使用最大状态。

发动机在最大状态下工作时，由于转速和涡轮前温度最高，发动机各部件承受的负荷最大。因此，发动机在最大状态连续工作时间一般不超过 5 min。使用中，应禁止发动机超温、超转、超时工作。

2. 额定状态

额定状态是设计发动机所规定的基准工作状态，相应的发动机参数分别称为额定转速、额定推力（功率）。额定状态时发动机推力一般为最大推力的 90%，转速为最大转速的 95% 左右。

额定状态常用于飞机正常起飞，紧急爬升。发动机在此状态工作时，由于转速和涡轮前温度比最大状态低一些，各部件的负荷要小一些，所以发动机连续工作时间可长些，通常限制在 30 ~ 60 min。

3. 最大连续状态

最大连续状态是发动机可长时间连续发出最大推力（功率）的工作状态。此时，发动机推力约为最大推力的 80%，发动机转速为最大转速的 90%。

最大连续工作状态常用于飞机爬升和大速度平飞，连续使用时间不受限制。

需要特别指出的是，目前一些美、英制发动机中，没有专门规定发动机额定状态，而只有发动机最大连续工作状态，使用时间也不受限制。

4. 巡航状态

巡航状态是飞机作巡航飞行时所使用的发动机状态。此时，为了保证巡航飞行的航程和续航时间，此时发动机推力一般为最大推力的 85%左右。

巡航状态用于飞机巡航飞行。连续使用时间不受限制。

5. 慢车状态

慢车状态是发动机稳定、连续工作的最小转速工作状态。此时，发动机油门杆位于最后，发动机的推力约为最大推力的 5% 左右，发动机转速为最大转速的 20%~35%。

慢车状态用于飞机着陆，快速下降，地面滑行和发动机冷、暖机等。使用时间不受限制。

慢车转速较低，慢车推力较小，可以改善飞机的着陆及滑行性能。但慢车转速过小，会影响在空中飞行的飞机及发动机的一些性能，如大雨中飞行，发动机容易熄火；发动机引气量不足，影响飞机和发动机防（除）冰的可靠性等。所以，有些发动机的慢车状态分为高慢车和低慢车状态。当飞机在空中，油门收到最后时，保持高慢车状态；当飞机主轮及地后，自动转换成低慢车状态，从而满足飞机和发动机性能的需要。

需要说明的是，发动机状态及使用特点随具体的飞机和发动机性能而有所不同，实际使用中应根据各具体飞机的《飞行手册》的要求使用。

（二）典型高涵道比涡扇发动机起飞推力设置

目前，大、重型民航机起飞前，高涵道比涡扇发动机的起飞推力设置基本相似。现以 B737-300 飞机为例，说明 CFM56-3 发动机起飞推力的设置。该发动机是由低压转子转速 N_1 来表征发动机推力的，飞机的飞行性能通过飞行管理计算机系统 FMS 进行管理。

飞机起飞前，机组首先应根据机场标高和塔台提供的当时外界大气温度，根据飞机的《飞行手册》中发动机性能图表（见表 3-1），可查出发动机的起飞 N_1 值；也可在飞行管理计算机 FMC 性能起始页面（见图 3-24）"OAT"栏中输入当时的外界大气温度（机场标高无需输入，飞机可自动感受），FMC 将自动计算出发动机的起飞 N_1 值。起飞 N_1 值得到后，起飞时飞行员前推油门将发动机设置到此 N_1 转速状态，在飞机起飞过程中，发动机燃油调节器将自动保持发动机转速不变（PMC 接通工作时，将保持 N_1 不变）。

表 3-1　B737-300 最大起飞 N_1(%)

外界大气温度		机场气压高度/ft									
°C	°F	−1 000	0	1 000	2 000	3 000	4 000	5 000	6 000	7 000	8 000
55	131	89.9	90.5								
50	122	90.6	91.1	91.6	92.3	93.1					
45	113	91.2	91.6	92.1	92.6	93.9	94.9	94.7	94.2		
40	104	91.7	92.1	92.6	93.0	94.3	95.3	95.3	95.3	95.0	94.3
35	95	92.0	92.5	93.0	93.4	94.7	95.9	95.8	95.8	95.1	94.5
30	86	91.8	92.8	93.2	93.6	95.0	96.5	96.4	96.4	95.7	95.0
25	77	91.0	92.1	92.9	93.6	94.5	95.9	96.3	96.7	96.2	95.6
20	68	90.3	91.3	92.1	92.8	93.8	95.1	95.5	95.9	95.9	95.9
15	59	89.5	90.5	91.3	92.0	93.0	94.3	95.1	95.1	95.3	95.3
10	50	88.7	89.7	90.5	91.2	92.1	93.4	93.9	94.3	94.4	94.6
5	41	87.9	88.9	89.7	90.4	91.3	92.6	93.0	93.4	93.6	93.7
0	32	87.1	88.1	88.9	89.6	90.5	91.8	92.2	92.6	92.7	92.9
−10	14	85.5	86.5	87.1	87.9	88.8	90.1	90.5	90.9	91.0	91.2
−20	−4	83.9	84.8	85.6	86.2	87.1	88.3	88.7	89.1	89.2	89.4
−30	−22	82.2	83.1	83.9	84.5	85.4	86.6	87.0	87.4	87.5	87.6
−40	−40	80.5	81.4	82.1	82.7	83.6	84.8	85.1	85.5	85.7	85.8
−50	−58	78.8	79.6	80.3	81.0	81.8	82.9	83.3	83.7	83.8	84.0

图 3-24　起飞基准页面 1

例 3-1　当飞机在海平面机场起飞，外界大气温度为 0 °C 时，经查发动机性能图表，此时发动机起飞 $N_1 = 88.1\%$；当外界大气温度为 15 °C 时，发动机起飞 $N_1 = 90.3\%$；当外界大气温度为 30 ℃ 时，发动机起飞 $N_1 = 92.8\%$；当外界大气温度为 40 ℃ 时，发动机起飞 $N_1 = 92.1\%$。

例 3-2   当飞机在标高为 2 000 ft 的机场起飞，外界大气温度为 0 ℃ 时，经查发动机性能图表，此时发动机起飞 $N_1 = 89.6\%$；当外界大气温度为 15 ℃ 时，发动机起飞 $N_1 = 92.0\%$；当外界大气温度为 30 ℃ 时，发动机起飞 $N_1 = 93.6\%$；当外界大气温度为 40 ℃ 时，发动机起飞 $N_1 = 93.0\%$。

由此可以看出：对同一的机场，当场压不变，随着外界大气温度升高，发动机推力逐渐减小，为了保持发动机的起飞推力不变，此时发动机的起飞 N_1 需要增加，N_2、EGT 也将随之增加。直到 EGT 温度达到限制值时（此时，对应的外界大气温度为发动机推力平台温度，平台温度是对应给定场压保持发动机起飞推力的最高大气温度），如图 3-25 所示。为了防止发动机超温，EGT 温度将不再增加，此时 N_1 将随外界大气温度的增加而减小。发动机推力也将减小。

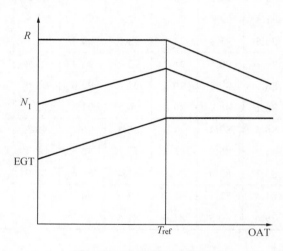

图 3-25   发动机平台温度

大多数发动机设计成在低于全油门位置达到起飞推力，也称为平台功率。它指在一定的环境温度范围内工作时，保证产生不变的推力，直到环境温度上升超过转折点，推力开始下降，以保持排气温度（EGT）不超过最大（红线）限制值，这就是平台功率的概念。平台功率转折点的环境温度（平台温度）在发动机数据牌上标注。发动机实际 EGT 与红线 EGT 之差称为 EGT 裕度，它的大小是发动机性能衰退的一个重要标志，是状态监视的一个重点。

从发动机性能图表可知，CFM56-3 发动机在海平面机场可以保持发动机起飞推力到 30 ℃（即平台温度为 30 ℃）；对不同的机场，随着机场标高的升高，大气压力降低，为了保持发动机的起飞推力不变，同样发动机的起飞 N_1 将增加，N_2、EGT 也将随之增加。所以，在同样的外界大气温度下，机场标高越高的发动机所需的起飞 N_1 越大，发动机保持起飞推力不变的最高外界大气温度相应降低（如当机场标高为 6 000 ft 时，保持起飞推力不变的的最高外界大气温度为 25 ℃，即平台温度为 25 ℃）。

在场温相同的情况下，B737-300 飞机（起飞时发动机最高 EGT 为 930 ℃）在北京和昆明起飞时，发动机的 N_1 和 EGT 实测值如表 3-2 所示。

表 3-2　B737-300 起飞数据比较（1990-04-30）

起飞机场	场压/mmHg*	场温/℃	N_1/%	EGT/℃
昆　明	603	14	左 94.2，右 95.2	左 897，右 906
北　京	761	14	左 89.3，右 89.2	左 802，右 789

由此可见，当场温相同的情况下，由于昆明机场场压比北京机场低 20% 左右，为了确保发动机起飞推力，在昆明起飞时，N_1 要比在北京起飞时高 5%~7%，EGT 高 60~70 ℃，所以，在高原机场机组更应注意防止发动机起飞超温。

（三）减推力起飞方式简介

目前，大型民航机所配置的动力装置具有较大的起飞推力储备。在实际飞行中，当飞机起飞重量较小，机场跑道情况良好，起飞气象条件和净空条件有利等情况时，在满足飞机起飞安全性能的基础上，采用比发动机最大起飞推力低的推力起飞，即减推力（进而减推力爬升），可以大大延长发动机的使用寿命，有效延缓发动机性能衰减，降低发动机空中停车率和提前换发率，减小燃油消耗，降低起飞噪声。试验表明，高涵道比涡扇发动机起飞推力降低 10%，涡轮前温度可降低 30~40 ℃，发动机热端部件寿命可延长近 1 倍。

实施减推力起飞的方法较多，不同的飞机也不尽相同，下面以 B737-300 为例说明实施减推力起飞的方法。

B737-300 提供了两种减推力起飞方式。一种是等额减推力方式，机组通过在 FMC、CDU 上选择"减推 1"和"减推 2"实现。在 FMC 起飞基准页面 2 上（见图 3-26），按压左 5 行选键并生效，此时发动机起飞推力级别由 22 000 lb 降低到 20 000 lb（称为减推 1），此时发动机起飞推力减小 10%（基于最大起飞推力），N_1 减小约 3%；若还需进一步减小推力，可按压右 5 行选键并生效，此时发动机推力级别由 20 000 lb 降低到 18 500 lb

图 3-26　起飞基准页面 2

---

* mmHg：非法定计量单位，1 mmHg = 133.322 Pa。

（称为减推 2），发动机起飞推力将减小近 20%（基于最大推力），N_1 减小近 6%。这种减推力方式，有的也称为减功率起飞，它的实施必须基于航空公司所选择的发动机推力级别具有减推能力（若飞机所安装的发动机没有此能力，在 FMC、CDU 上相应的标题和数据栏将显示为空白）。此减推力方式减推力的幅度是由 FMC 固定的，但较为简便，而且飞机爬升时可继续进行减推力爬升，避免了爬升 N_1 大于起飞 N_1。

另一种是假设温度减推力方式（也称为灵活推力方式）。机组通过选择的假设温度（也称为灵活温度）实施减推力起飞。这种减推力起飞方式是基于发动机推力的温度特性，机组根据实际的外界大气温度、机场标高和飞机实际的起飞重量，在 FMC 起飞基准页面 1 上（参见图 3-24），输入高于外界大气温度的假设温度。这种减推力方式减推幅度由输入的假设温度确定。在允许的假设温度范围内，选取的假设温度越高，减推力的幅度就越大。

两种减推力方式使用方法虽不同，但最终都使发动机起飞 N_1 减小，EGT 降低，都可以达到延长发动机寿命的目的。在实际飞行中，使用假设温度方式减推力较为普遍，下面具体介绍假设温度减推力的实施方法。

首先，机组根据飞机实际起飞重量查阅所在机场该机型的最大起飞重量随温度变化的数据表（该图表由签派或飞行性能专业人员提供），如图 3-27 所示（在该跑道起飞，

```
ELEVATION  1624 FT                                      RUNWAY    20  ZUUU

襟翼05   空调开   PMC接通                                    双流
                                                            成都
B737-300    CFM56-3-B1  ENGINE                          DATED  11/24/1994
*A* INDICATES OAT OUTSIDE ENVIRONMENTAL ENVELOPE
OAT         MAXIMUM BRAKE RELEASE WEIGHT-KG, LIMIT CODE AND V1
DEG         WIND COMPONENT IN KNOTS (MINUS DENOTES TAILWIND)      CLIMB
 C      -10         0          10          20          30         LIMIT

60A   40900*118   41600*118   41700*118   41700*118   41800*118   40500
58A   42100*120   42900*120   42900*120   42900*120   42900*120   41700
56A   43200*122   44200*122   44200*122   44200*122   44200*122   42900
54A   44400*123   45300*123   45300*123   45300*123   45300*123   44200
52A   45500*125   46600*125   46600*125   46600*125   46600*125   45400
50    46700*125   47700*126   47700*126   47700*126   47700*127   46500
48    47600*127   48800*127   48800*128   48800*128   48800*128   47300
46    48400*128   49500*129   49500*129   49500*129   49500*129   48200
44    49200*129   50300*130   50300*130   50300*130   50300*130   49000
42    49900*130   51100*131   51100*131   51100*131   51100*131   49800
40    50700*131   51900*132   51900*132   51900*132   51900*132   50600
38    51500*132   52700*133   52700*133   52700*133   52700*134   51400
36    52200*133   53600*134   53600*134   53600*134   53600*135   52300
34    53000*134   54400*135   54400*135   54400*135   54400*135   53000
32    53700*135   55100*136   55100*136   55100*136   55100*136   53600
30    54400*136   55700*137   55700*137   55700*137   55700*137   54300
28    55100*137   56400*137   56400*138   56400*138   56400*138   54900
26    55400*137   56700*138   56700*138   56700*138   56700*139   55400
24    55500*137   56700*138   56700*138   56700*138   56700*139   55400
22    55500*137   56800*138   56800*138   56800*138   56800*139   55500
20    55500*137   56800*138   56800*138   56800*138   56800*139   55500
15    55600*137   56900*138   56900*138   56900*139   56900*139   55600
10    55700*138   57000*138   57000*139   57000*139   57000*139   55700
 5    55800*138   57100*139   57100*139   57100*139   57100*139   55800
 0    55900*138   57200*139   57200*139   57200*139   57200*139   55900
-5    55900*138   57200*139   57200*139   57200*139   57200*139   55900
-10   56000*138   57300*139   57300*139   57300*140   57300*140   56000
-15   56000*138   57300*139   57300*139   57300*140   57300*140   56000
-20   56100*138   57400*139   57400*140   57400*140   57400*140   56100
```

图 3-27　某机场的起飞飞行数据图

此时飞机最大起飞重量主要受爬升限制，参见刘晓明、苏彬《飞行性能与计划》），判定此时是否具备减推力起飞条件，若飞机实际的起飞重量低于最大起飞重量，则具备减推力起飞基本条件。

　　然后，由实际起飞重量确定最大允许假设温度值，同时根据实际的外界大气温度和机场标高，查阅《飞行手册》中的发动机性能图表（见表 3-3、表 3-4），验证最高允许的假设温度值在最高假设温度（此温度是基于减推力 25%，FAR 规定使用假设温度减推力起飞，减推力幅度最大不得超过 25%）和最低的假设温度（发动机推力平台温度）之间，进而确定可选择的假设温度范围（在最高允许假设温度和最低假设温度之间）；最后，机组由此确定选择的假设温度值，并由此温度值、机场的标高和实际外界大气温度，查阅表 3-4 和表 3-5 得到对应的发动机最大起飞 N_1 值和 N_1 的调整值（ ΔN ），用最大起飞 N_1 减去 ΔN 即可得到此时的减推力起飞 ΔN 。

表 3-3　B737-300 最高假设温度

OAT °C	PRESS ALL 1 000 ft										OAT °F	PRESS ALL 1 000 ft									
	−1	0	1	2	3	4	5	6	7	8		−1	0	1	2	3	4	5	6	7	8
55	74	73	73								130	164	162	162							
50	71	71	69	68	66	65	62	63	65		120	159	158	155	153	149	147	142	143	145	
45	69	68	67	66	63	62					110	154	153	151	149	144	142				
40	66	66	65	64	61	60	60	60	60	62	100	150	148	146	145	140	138	138	137	139	141
35	64	63	62	62	59	58	58	57	59	60	90	146	143	142	141	137	134	133	132	136	137
30	63	61	61	60	58	56	55	55	56	58	80	146	141	140	137	135	131	129	128	131	132
25	63	61	60	58	57	55	54	53	54	55	70	146	141	140	136	134	131	129	127	127	126
20 & BELOW	63	61	60	58	57	55	54	53	53	52	60 & BELOW	146	141	140	136	134	131	129	127	127	126

※ 此温度值是基于减推力 25%

表 3-4　最大起飞 N_1（%）

假设温度		机场压力高度/ft									
°C	°F	−1 000	0	1 000	2 000	3 000	4 000	5 000	6 000	7 000	8 000
75	167	83.0	83.9	83.8	83.5						
70	158	84.7	85.6	85.6	85.4	84.9	84.7				
65	149	86.6	87.3	87.3	87.2	87.0	87.0	87.1	87.2	87.6	87.9
60	140	88.3	88.9	89.0	89.0	89.1	89.1	89.1	89.0	89.1	89.3
55	131	89.7	90.5	90.6	90.7	91.1	91.3	91.0	90.8	90.7	90.6

续表

假设温度		机场压力高度/ft									
°C	°F	−1 000	0	1 000	2 000	3 000	4 000	5 000	6 000	7 000	8 000
50	122	90.4	91.1	91.6	92.3	93.1	93.4	92.9	92.5	92.2	91.9
45	113	91.0	91.6	92.1	92.7	93.9	94.9	94.8	94.2	93.7	93.1
40	104	91.6	92.1	92.6	93.0	94.3	95.3	95.3	95.3	95.0	94.3
35	95	91.4	92.5	93.0	93.4	94.8	95.9	95.9	95.8	95.1	94.5
30	86	91.7	92.8	93.2	93.6	95.0	96.5	96.4	96.4	95.7	95.0
25	77	90.9		93.3	93.7	94.5	96.5	96.5	96.7	96.2	95.6
20	68	90.2				94.4				95.9	95.9
15	59	89.4									95.4
最低假设温度°C（°F）		32（90）	30（86）	28（82）	26（79）	24（75）	29（85）	27（81）	25（77）	20（68）	15（59）

表 3-5　温度差异的 N_1 调整（ΔN_1/%）

假设温度—外界大气温度		外界大气温度														
°C	°F	°C	−40	−20	0	5	10	15	20	25	30	35	40	45	50	55
		°F	−40	−4	32	41	50	59	68	77	86	95	104	113	122	131
10	18						1.6	1.6	1.6	1.5	1.5	1.5	1.4	1.4	1.4	1.3
20	36				3.3	3.3	3.1	3.1	3.0	3.0	2.9	2.8	2.7	2.6	2.5	2.3
30	54				4.8	4.7	4.6	4.5	4.4	4.3	4.1	3.9	3.7	3.5	3.4	3.3
40	72			6.8	6.1	6.0	5.9	5.7	5.5	5.3	5.1	4.9				
50	90				8.1	7.4	7.2	6.9	6.7	6.3						
60	108		10.4	9.3	8.4	8.1	7.7									
70	126		11.5	10.5	9.0											
80	144		12.7	11.4	9.8											
90	162		13.8	11.9												
100	180		14.5	12.6												
110	198		14.9													

　　例 3-3　某机场标高为 1 624 ft，实际外界大气温度为 10 ℃，飞机实际起飞重量为 50 000 kg。查阅图 3-27，得到飞机最大起飞重量为 55 700 kg。飞机实际起飞重量低于飞机最大起飞重量，可以实施减推力起飞。由飞机实际起飞重量查得最大允许假设温度值 41.5 ℃，该值不高于由表 3-4 发动机性能图表得出的最高假设温度 58 ℃，也不低于最低的假设温度 27 ℃，实际选取的假设温度范围必须在 41.5~27 ℃之间。现选择假设温

度为 40 ℃，由表 3-4、表 3-5 查得起飞 N_1 值为 92.8%，N_1 调整值 ΔN 为 4.5%。最后，在该假设温度下的减推力起飞 N_1 值为 92.8% 减去 4.5%，即 88.2%。

在实际飞行中，当机组确定了假设温度值后，在 FMC 起飞基准页面 1（参见图 3-24）上"OAT"栏中输入实际外界大气温度，在"SET TEMP"栏中输入选择的假设温度。此时，在该页面中将自动显示该温度下的减推力 N_1 值。

显然，在允许的假设温度范围内，选取的假设温度越高，减推力的幅度就越大。

实施减推力起飞时，作为机长应主要注意以下几点：① 必须对飞机起飞重量、跑道情况、机场净空情况作全面分析后，确定是否减推力及减推力的大小。其中，飞机实际的起飞重量低于最大起飞重量是实施减推力起飞的必要条件之一；② 减推力起飞后应避免出现发动机爬升 N_1 大于起飞 N_1，必要时继续减推力爬升；③ 减推力起飞和爬升时，一旦出现特殊情况，需要增加发动机推力时，应及时前推油门到最大起飞状态，退出减推力状态；④ 禁止在污染跑道或不良的气象条件下实施减推力起飞；⑤ 实施减推力起飞必须是在发动机具备良好的推力性能基础上。所以，在实施减推力起飞程序期间，应定期做最大起飞推力起飞，进行全面起飞性能检查，以确保发动机具备减推力起飞能力。

第四节　发动机环境污染简介

随着人类社会工业化进程的加快以及人口的迅速增加，环境污染日益严重，已威胁到人类的生存和发展。目前，各国对环境保护的重要性和紧迫性已逐步取得共识。1995年联合国大会通过了全球性环境保护的《里约热内卢宣言》，各国也相继出台了有关环境保护的法规，环境保护已成为 21 世纪人类社会可持续发展的关键。

航空发动机对环境的污染主要表现在两方面：噪声污染和排气污染。为了降低航空发动机的环境污染，国际民航组织和世界各国相继出台了相应法规，限制航空发动机的污染排放量，并作为该发动机能否取得适航许可证的指标之一。所以，有效降低发动机对环境的污染显得尤为紧迫。

一、发动机噪声污染

（一）噪声的评定方法

噪声是由声源（通常为多声源）产生的、无一定规律的、令人产生不快感觉声波的组合。噪声的评定较为复杂，根据物理学和心理学的研究成果，噪声的评定主要有：

1. 声功率级

由于实际中声源的功率总的较小，且数量级相差极大（在 $1 \sim 10^{-12}$ 之间），为了便于描述常用比较的方法。声功率级用 L_W 表示，定义为

$$L_W = 10 \lg \frac{W}{W_0} \qquad (3.24)$$

式中　W ——声源的声功率，W；

　　　W_0 ——基准最弱声功率，10^{-12} W。

为了便于使用，定义声功率级的单位为分贝（dB）（为了纪念美国物理学家贝尔而命名）。

2. 声　强

单位时间内，通过单位截面面积的声波所携带的能量，用 I 表示。公式为

$$I = \frac{\mathrm{d}W}{\mathrm{d}A} \qquad (3.25)$$

式中　$\mathrm{d}W$ ——声功率的微分；

　　　$\mathrm{d}A$ ——截面面积的微分。

声强可以描述人耳对声波的听觉反应，声强的大小与声波的振幅和频率有关，声波的振幅或频率越高，声强越大。引起人们听觉的声波频率范围为 20 ~ 20 000 Hz，声强越大，引起人耳的听觉越强，但当声强过高时，将不再引起听觉，而只能引起耳朵痛觉。

3. 声强级

与声功率级类似，声强级用 L_I 表示，定义为

$$L_I = 10 \lg \left(\frac{I}{I_0} \right) \qquad (3.26)$$

式中　I ——声波的声强，W/m²；

　　　I_0 ——基准最弱声强，10^{-12} W/m²。

声强级的单位也为 dB。对频率为 1 000 Hz 的声波，最弱的声强级为 0 dB，引起耳朵痛觉的声强级为 140 dB。

4. 声压级

与声强级类似，声压级用 L_p 表示，定义为：

$$L_p = 20 \lg \left(\frac{p}{p_0} \right) \qquad (3.27)$$

式中　p ——声波的声压，Pa；

　　　p_0 ——基准最弱声压，2×10^{-5} Pa。

声压级的单位也为 dB，经理论推导，对同一声波声强级与声压级在数量上相等。

5. 有效感觉噪声级

噪声对人总的影响除声强级或声压级等物理特性外，对人的心理影响也很大。经研究表明：人对频率在 2 000 ~ 5 000 Hz 的声波感觉最为敏感，对低频声波的感觉程度较小。

所以，有效感觉噪声级是在综合了噪声的频率成分、噪声的持续作用时间等因素后，对实测的声强级（或声压级）进行修正，从而得到噪声对人总的有效影响，用 EPNL 表示，单位为 EPN dB。有效感觉噪声级是目前使用最广泛的噪声评定参数。日常生活中，不同噪声级的实例如图 3-28 所示。

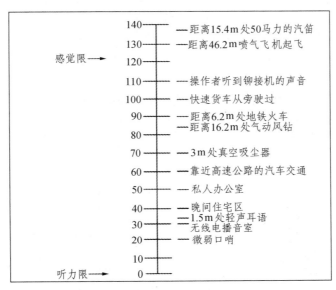

图 3-28　熟悉的一些声音的相对声强

声波在空气介质中传播时，由于介质将吸收部分能量，声能将减小。所以，距离声源越远，声强级越低（距离增大一倍，声强级约减小 6 dB）；同时，潮湿的空气，雨、雪、障碍物等也将使声能减小，使声强级降低。

（二）噪声的危害及机场对噪声的限制

根据生理学和心理学的研究成果，噪声对人体生理和心理都会产生严重危害，严重影响身心健康，长时间在噪声环境下，人将发生诸多不适，如耳鸣、听力衰退（甚至耳聋）、神经衰弱、疲劳、失眠、心理烦躁等。就民航运输业而言，对于机场周围人员、机组尤其是飞行员，由于长期生活在噪声环境下，将影响其身心健康，过大的噪声还将严重干扰飞行员的注意力、判断力，直接威胁飞行安全，同时也影响飞机的舒适性。所以，必须对噪声进行限制，尽可能减小噪声，从而减轻其危害。

虽然发动机是飞机的主要噪声源，但飞机的其他部件也会产生气动噪声，如襟翼、缝翼、起落架等。美国于 1969 年（参见 FAR-36），国际民航组织（ICAO）于 1978 年相继规定了亚音速民航飞机在起飞、进场着陆和滑跑（测量点如图 3-29 所示）时的最大有效感觉噪声级，即为起飞噪声、侧向噪声和着陆噪声的限制，如图 3-30 所示。

飞机具体的有效感觉噪声限制值，与飞机的最大起飞重量、发动机数目、不同的飞行阶段有关。很明显，1978 年颁布的新标准要求更严格。常见的几种飞机和发动机的有效感觉噪声限制值与实测值见表 3-6 所示。

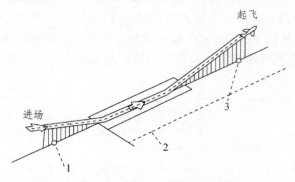

图 3-29　ICAO 规定的民航机噪声测量点

1—进场噪声监测点，位于接地前 200 m 处，进近角为 3°；2—横侧噪声监测点，与跑道中心线平行，距离 450 m 处；3—起飞噪声监测点，位于起飞跑道后 6 500 m 处

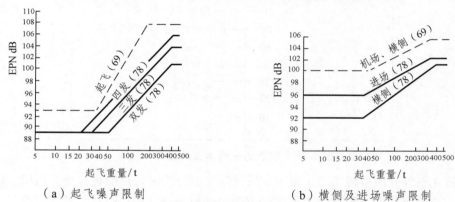

（a）起飞噪声限制　　　　　　　　　　（b）横侧及进场噪声限制

图 3-30　民航机规定的噪声极限值

表 3-6　几种涡扇发动机噪声实测值与限制值的比较

噪声类型 实测值/限制值 发动机型号	起飞噪声 EPN dB	横侧噪声 EPN dB	进场噪声 EPN dB
JT3D-3B （B707-320B）	113/100.6	107.5/99.4	119.5/102.9
JT9D-7A （B747-200B）	107/105.5	98/102.5	106/105
CF6-6 （DC-10-10）	98.1/99.8	96.1/100.2	105.9/103.6
RB211-22 （L011-1）	97/100.1	95/100.3	103/103.8

注：限制值标准是 ICAO1978 年标准。

　　美国联邦航空局（FAA）规定，飞机起飞、进近着陆时，噪声白天最高为 112 EPN dB；夜间最高为 104 EPN dB。我国也正在制定机场噪声限制标准。

（三）发动机噪声的产生

　　航空燃气涡轮发动机噪声的产生从根本上讲源于气体受扰动后产生的气流振荡，其主要噪声源有风扇、压气机、燃烧室、涡轮和喷气流。根据发动机噪声的来源可分为：内部噪声，主要有风扇、压气机、燃烧室和涡轮工作所产生的噪声；外部噪声，主要是喷气产生的噪声。涡扇发动机的噪声源如图 3-31 所示。根据噪声的形成及特性可分为以下几种类型：

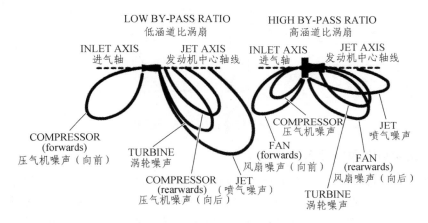

图 3-31　涡扇发动机的噪声源

1. 宽频段噪声

　　当气流流过发动机风扇、压气机和涡轮转子和静子叶片时，由于气流与叶片间的相互摩擦形成涡流而产生的噪声，称为宽频噪声。因转子叶片沿径向圆周速度各不相同，所以这种噪声的频率分布很广。

2. 干涉噪声

　　发动机工作时，转子与静子间必然存在相对运动，气流从转子叶片通道中流出时，存在圆周分速，将与静子叶片发生撞击，从而产生一种类似"笛声"的噪声；同样，从静子叶片流出的气流进入转子叶片时，也将产生这种噪声。这种由于转子与静子间因相对运动而产生的噪声叫干涉噪声。由于这种噪声的频率在人耳最为敏感的范围，所以危害较大。

3. "锯声"噪声

　　这种噪声是当风扇叶片叶尖处气流速度超过音速时，由于叶尖处形成的一系列弱激波而产生的一种类似"锯声"的噪声。"锯声"噪声的频率集中在低频范围（500 Hz 左右）。高涵道比涡扇发动机在起飞时可产生这种噪声。

4. 喷气噪声

气流从喷口喷出时，由于喷气流与外界气体间的巨大的速度差，在射流边界处产生强烈的紊流脉动，从而产生喷气噪声。经理论推导，亚音速气流产生的喷气噪声功率与喷气速度的 8 次方成正比，所以降低喷气速度对降低喷气噪声具有显著作用。喷气噪声的频率与喷口直径有关，直径越小，噪声频率越高。亚音速喷气流如图 3-32 所示。

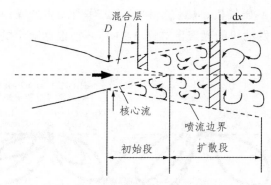

图 3-32　亚音速喷气流示意图

（四）发动机噪声的分布

发动机产生的各种噪声的分布随发动机的类型和不同的发动机状态而变化。对涡喷发动机而言，当飞机起飞时喷气噪声最高；当飞机进近着陆时，涡轮噪声最高；对高涵道比的涡扇发动机，在任何发动机状态下，发动机噪声主要为风扇和涡轮噪声，喷气噪声相对较小。

（五）降低发动机噪声的方法

降低发动机噪声的方法主要通过改进发动机设计，在飞行使用方面也可在一定程度内降低发动机的噪声。

1. 发动机设计方面

1）采用消音器

对发动机喷管进行改造，安装消音喷口，如图 3-33 所示。通过许多直径较小的喷口代替一个大直径的喷口，从而使喷气噪声的频率增大。所以，采用消音器抑制喷气噪声的方法是基于喷气噪声本身的特性和人的听觉特性，通过提高喷气噪声的频率，因而降低了人对喷气噪声的感觉程度。

采用消音器可使发动机噪声减小 3～5 EPN dB，但发动机装消音喷口后，发动机重量将增加（2%～3%），发动机推力将减小（2%～4%），同时还使发动机外部阻力增加，经济性变差。所以，这种减小噪声的方法只在早期的喷气发动机上采用。

2）采用高涵道比涡扇发动机

降低发动机噪声最有效的方法是采用高涵道比涡扇发动机。由于高涵道比涡扇发动机大大降低了喷气速度，从而有效降低了发动机的喷气噪声，同时对混合排气的涡扇发动机，由于排气速度更加均匀，还可进一步降低 3 ~ 5 EPN dB。不同类型发动机的噪声水平如图 3-34 所示。

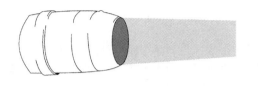

（a）普通喷管

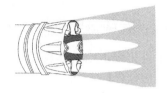

（b）消音喷管

图 3-33　消音喷管和普通喷管

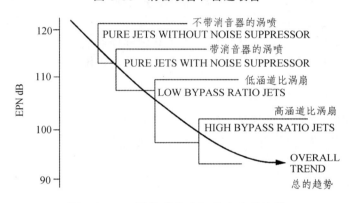

图 3-34　不同类型发动机噪声水平比较

3）改进发动机内部设计

降低发动机内部噪声的有效方法是对发动机应用声学处理进行内部设计，可使内部噪声得到有效抑制。主要措施有取消风扇（压气机）进口导向叶片；增加转子与静子间的轴向距离；合理选择转子叶片与静子叶片的数量（静子叶片数＝转子叶片数×2＋6），这些都可有效降低干涉噪声；在发动机内壁上安装吸音衬垫，可减少发动机内部噪声向外界的传播。

4）采用多发动机

试验表明，在总推力相等条件下，用多台发动机代替一台大功率发动机，可使发动机总噪声级减低 5 ~ 15 dB。

2. 飞行使用方面

1）合理选择起飞和进近着陆程序，减小对城市居民区的干扰

在确定飞机起飞和进近着陆程序时，应兼顾降低噪声的因素，尽量减小噪声对城市居民区的干扰。如采用较大爬升角爬升时，应尽量飞越无人居住的区域；进近时采用噪声抑制程序进场，在较高的高度以较大的下降角迅速下降，然后进行平飞、飘落。这些都可减小发动机噪声对居民的干扰。

2）采用减推力起飞方式

在满足飞机起飞安全性能前提条件下，采用减推力起飞方式，可有效降低发动机起飞噪声。

二、发动机的排气污染

碳氢化合物燃料燃烧后，燃烧产物随废气排入大气，其中的有害物质如 CO、NO_x、SO_2、UHC（未燃烧的碳氢化合物）和炭微粒等将对大气造成污染，破坏生态平衡，是人类某些疾病的主要致病源（如呼吸道疾病等）。尤其是 NO_x，将破坏大气中的臭氧层结构，使大气层对太阳有害射线的屏蔽作用降低，从而危害人类的健康。排放物中大量的 CO_2 虽不是直接的有毒物质，但会造成地球"温室效应"，亦将会对人类造成灾难。航空发动机的排气污染还将引起机场附近低空能见度的降低，影响飞行安全。所以，世界各国相继出台相关法律限制污染物的排放，美国和国际民航组织还专门制定了民航机发动机的污染物排放标准，我国也日益重视并加大了对发动机排气污染的研究。

（一）发动机排气污染标准

为了有效抑制航空发动机的排气污染，美国环保局于 1973 年颁布了污染物排放的标准，国际民航组织（ICAO）也于 1977 年颁布了民航机发动机污染物的排放标准，主要有以下两大指标：

1. 发烟度标准

发动机排气中炭微粒的含量（发烟度）是通过发烟指数 SN 来表示的，此值可通过专门的测试手段测得。SN 越大，表示排气中炭微粒的含量越大，SN = 0，表示排气中无炭微粒；SN < 25，表示排气中无烟。

国际民航组织（ICAO）1977 年规定的民航机发动机最大允许发烟指数可用下式表示

$$SN_{max} = K \cdot R_{max}^{-0.262} \tag{3.28}$$

式中　　R_{max}——发动机的起飞推力，daN；

　　　　K——常数，$K = 269.96$。

显然，发动机最大允许发烟指数将随起飞推力的增加而减小。例如，若发动机的起飞推力为 10 000 daN，则该发动机的最大允许发烟指数 $SN_{max} = 24.17$。若实测值大于此限制值，说明该发动机的发烟指标超标。

2. 污染物标准

国际民航组织（ICAO）1977 年规定的民航机发动机排气污染物 CO、UHC、NO_x 指标，见表 3-7 所示。

对待测的发动机，首先按规定的起飞-着陆程序（见表 3-8 所示），通过专门的仪表测量各污染物的浓度，再结合发动机其他参数进行数据处理，最后得出在完成一次规定的起飞-着陆程序中，产生 1 daN 起飞推力所生成的污染物质量，并将实测值与规定值比较，若实测值大于规定值，说明该发动机此项污染物排放超标。

表 3-7　ICAO 规定的排气污染物的极限值（1978 年 3 月 1 日后定型的发动机）

$(D/R_{max})_{UHC}$	$(D/R_{max})_{CO}$	$(D/R_{max})_{NO_x}$
0.269 682 875	2.6 477 955	0.627 616

注：D 为测试规定的起飞-着陆程序中生成的排气污染物质量（克/循环）；
　　R_{max} 为发动机起飞推力（daN）。

表 3-8　ICAO 规定的测定排气污染物的起飞着陆循环（大型机）

飞行阶段 项目	起飞滑行	起飞	爬升至 914 m	由 914 m 高度进场	着陆滑行
功率状态 /%（起飞推力）	≥7%	100%	85%	30%	≥7%
时间规定 /min	15	0.7	2.2	4.0	7.0

对目前民航机使用中的发动机而言，大多数发动机的发烟指标可达到标准，但由于受到发动机技术水平限制，CO、UHC 和 NO_x 的排放都超过标准，最新研制的高涵道比涡扇发动机（如 GE90、V2500 等），其污染物的排放量据称已达到该指标。

（二）发动机排气污染物的产生

发动机产生的排气污染物，主要与燃烧室内燃料的完全燃烧程度及发动机状态有关。CO 和 UHC 的生成主要集中在发动机慢车功率状态的时候，此时发动机供油量小，供油压力低，燃油雾化不良，同时进入燃烧室的空气压力、温度均较低，使燃油的雾化、蒸发进一步恶化，引起油气混合不均，燃烧不充分，燃烧效率低，从而生成更多的 CO 和 UHC；另外，慢车状态时燃气温度低，使 CO 和 UHC 的氧化作用减弱，也使 CO 和 UHC 增多。所以，在发动机慢车状态 CO 和 UHC 的含量最高（由于 UHC 的氧化作用比 CO 快，故含量比 CO 少）。

NO_x 和炭微粒的生成主要集中在发动机处于起飞状态的时候，此时发动机燃气温度很高。一方面由于空气中存在大量的 N_2，虽然其化学性质近似于惰性气体，但在高温条件下，它将与 O_2 发生化合反应，生成 NO_x，使 NO_x 增高。另一方面在高温、高压条件下，燃烧室局部富油区将使燃油裂解生成炭微粒，严重时将引起发动机排气冒烟。所以，在发动机起飞状态时 NO_x 和炭微粒的含量最高。

发动机在不同状态下，各排气污染物的含量及变化如图 3-35 所示。

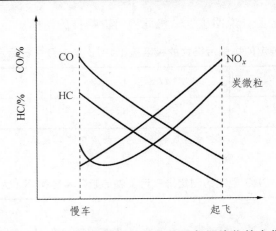

图 3-35　发动机不同工作状态下排气污染物的变化

（三）降低发动机排气污染的措施

1. 改善燃油雾化质量

理论分析和实验表明，通过采用雾化性能更好的燃油喷嘴（如气动式喷嘴和蒸发管式喷嘴），提高燃油雾化质量，使油气混合更均匀，防止局部过富油和过贫油，可有效减少排气污染。

2. 采用低污染燃烧室

使用和研制中的低污染燃烧室方案较多，如 CF6 发动机采用的双环腔燃烧室，如图 3-36 所示。总的思想是：当发动机在小功率状态工作时，主燃区采用较为富油的混合气，以提高燃气温度，使 CO 和 UHC 的氧化作用增强，从而减少小功率状态时 CO 和 UHC 的含量；当发动机在大功率状态工作时，主燃区采用较为贫油的混合气，以降低燃气温度，从而减少大功率状态时 NO$_x$ 和炭微粒的含量。

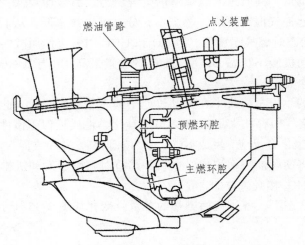

图 3-36　双环腔燃烧室

3. 采用氢燃料

为了较为彻底地减小排气污染，采用低污染的清洁燃料是一有效途径，如采用氢燃料，由于氢与氧化合后只产生水，对环境无污染，但由于氢燃料储存困难，同时燃烧时伴随 NO_x 生成，所以目前尚处于研制阶段。

由于必须在确保发动机稳定燃烧的基础上降低发动机的排气污染，两者间不免发生冲突。所以，降低发动机排气污染难度很大，世界各国正在着手研制低污染燃烧室，满足环境保护要求。

【本章小结】

发动机状态可分为稳定工作状态和过渡工作状态。稳定的工作状态是指发动机转速恒定不变的工作状态，保持发动机稳定的条件是 $N_{涡} = N_{压}$。过渡状态是指发动机转速随时间变化的工作状态，分加速和减速两种状态。

影响发动机加速性的因素有发动机转子的转动惯量、发动机加速燃油量增加的快慢和空气流量。

单转子发动机在小转速工作状态时，涡轮前温度较高，同时压气机工作的稳定性较差，增压比较低。单转子发动机加速时要注意防止压气机喘振、涡轮叶片失效和燃烧室过富油熄火；减速时要注意防止燃烧室过贫油熄火。

双转子发动机的性能特点：压气机稳定性好，防喘裕度高；压气机效率和增压比高，发动机经济性好；小转速状态时，涡轮前温度低；发动机便于启动；发动机加速性好。

双转子发动机加速时要注意防止高压压气机喘振，涡轮叶片失效和燃烧室过富油熄火；减速时要注意防止低压压气机喘振和燃烧室过贫油熄火。

三转子发动机较双转子发动机具有压气机稳定工作范围更宽，发动机工作效率更高、经济性更好，发动机抗外来物能力更强等特点。

表征涡喷和涡扇发动机推力的参数有转速 n 和发动机压力比 EPR。表征发动机经济性的参数是发动机总效率 $\eta_{总}$，当飞行速度一定时，发动机燃油消耗率 SFC 也可以表征发动机经济性且与发动机总效率成反比。

发动机总效率等于有效效率与推进效率的乘积。当发动机在地面工作时（ $v_{飞} = 0$ ），气体虽有动能增量，但没有对飞机产生推进效果。所以，推进效率为零，总效率也为零。

发动机将热能转变为推进功的能量转换过程中损失的能量有：高温燃气带走的热量；发动机表面散热和滑油所带走的热量；燃料不完全燃烧和燃烧产物离解损失的热量；喷气流离速损失带走的能量。

实际使用中影响发动机推力和经济性的因素主要有发动机转速、飞行条件、压气机引气和发动机维护等。飞行员应熟悉这些因素对发动机推力和经济性的影响。

发动机常见的工作状态有最大状态、额定状态、最大连续状态、巡航状态和慢车状态。

大、重型民航机起飞时发动机起飞推力是通过机场标高和当时的外界大气温度而设置的。对同一机场，随着大气温度的升高，为了保持发动机起飞推力，N_1 将增加，但当大气温度上升到一定值时，为了防止发动机超温，N_1 将不再增加，发动机推力将减小。

　　减推力起飞的目的是为了延长发动机使用寿命，减小燃油的消耗，降低起飞噪声。飞行员应熟悉减推力（功率）起飞的条件及使用注意事项。

　　声功率级、声强级和声压级都可用来评定噪声的强度，单位为 dB。最全面反映噪声对人类影响的物理量是有效感觉噪声级，单位为 EPN dB。

　　发动机的噪声源主要有风扇、压气机、燃烧室、涡轮和喷气。高涵道比涡扇发动机的噪声主要为风扇和涡轮噪声。

　　在发动机设计方面降低发动机噪声的主要方法有采用消音器材，采用高涵道比涡扇发动机，改进发动机内部设计和采用多发动机。在飞行使用方面降低噪声的主要方法有合理选择起飞和进近着陆程序，采用减推力（功率）起飞方式。

　　发动机的排气污染物主要有：CO、NO_x、SO_2、UHC 和炭微粒。具中 CO 和 UHC 的生成主要集中在发动机慢车状态；NO_x 和炭微粒的生成主要集中在发动机起飞状态。目前的燃气涡轮发动机排气污染物普遍超标。

　　降低发动机排气污染的主要措施有改善燃油雾化质量，采用低污染燃烧室，采用氢燃料等。

复习思考题

1. 影响发动机加速性的因素有哪些？
2. 单转子发动机的工作特点有哪些？
3. 试简述双转子发动机的性能特点。
4. 双转子发动机加速和减速时应注意哪些问题？
5. 三转子发动机较双转子发动机有哪些特点？
6. 表征涡喷和涡扇发动机的推力和经济性的参数有哪些？
7. 发动机由热能转变为推进功能量转换过程中的能量损失有哪些？
8. 实际发动机使用中，影响发动机推力和经济性的因素有哪些？简述是如何影响的。
9. 简述压气机引气对发动机工作性能的影响。
10. 发动机常见的工作状态有哪些？各有何特点？
11. 减推力起飞的目的是什么？实施减推力起飞应注意哪些问题？
12. 评定噪声的物理量常见有哪些？
13. 发动机的噪声源有哪些？高涵道比涡扇发动机噪声的分布如何？
14. 试简述降低发动机噪声的方法。
15. 发动机的排气污染物有哪些？其生成与发动机工作状态的关系怎样？
16. 试简述降低发动机排气污染的措施。

第四章　民用飞机发动机的特点

目前，无论是运输航空，还是通用航空，民用机上常用的燃气涡轮发动机有涡轮风扇发动机、涡轮螺旋桨发动机和涡轮轴发动机。从总体上讲，民用机对发动机的起飞推力（功率）经济性、工作可靠性等有更高要求。本章主要介绍这些发动机的工作特点。

第一节　涡轮风扇发动机

涡轮风扇发动机自 20 世纪 60 年代初期问世以来，由于在性能上具有独特的优越性，得到了迅速的发展和广泛应用，发展前景也极为广阔。目前，高涵道比涡轮风扇发动机常用在高亚音速的大型民航机、军用运输机上；低涵道比的加力涡扇发动机用在超音速战斗机上。

一、涡轮风扇发动机的基本组成及工作

典型涡轮风扇发动机的组成如图 4-1 所示。这种发动机的空气通路分为内、外两路。发动机的内路与涡轮喷气发动机完全相同；外涵中有风扇，由涡轮驱动，它使外涵空气受压缩后加速向后喷出，而产生部分推力。

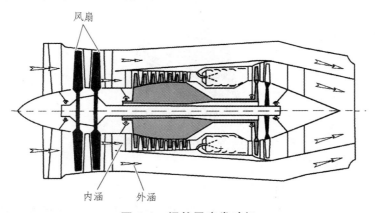

图 4-1　涡轮风扇发动机

涡扇发动机外（涵）路空气流量与内（涵）路空气流量之比叫涵道比（也称流量比），用 B 表示。即

$$B = \frac{\dot{m}_外}{\dot{m}_内} \qquad\qquad (4.1)$$

高涵道比涡扇发动机的风扇转子及风扇叶片的构造如图 4-2、4-3 所示。其风扇的构造具有以下特点：

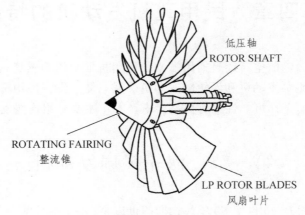

图 4-2　风扇

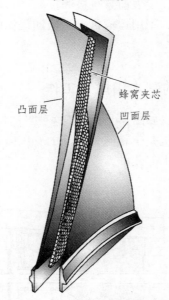

图 4-3　宽弦蜂窝结构风扇叶片

1. 取消了风扇进口的导向器

目前高涵道比涡扇发动机取消了风扇进口的导向器，虽使风扇效率稍有所降低，但减轻了发动机质量，简化了结构，减小了发动机噪声，所以发动机的整体性能得以优化。

2. 普遍采用高强度宽弦叶片

为提高发动机涵道比，需提高外涵空气流量和风扇增压比，风扇叶片直径和弦长需增大，所以，目前的高涵道比涡扇发动机普遍采用了高强度的宽弦叶片，有的发动机为了减轻叶片质量和提高可靠性，采用了蜂窝结构的风扇叶片。

目前广泛使用的高涵道比涡扇发动机如图4-4所示。涡轮风扇发动机，根据转子数可分为双转子和三转子；根据排气方式可分为混合排气和分路排气；根据涵道比大小分为高涵道比涡扇和低涵道比涡扇；根据是否加力分为加力式涡扇和不加力式涡扇等。

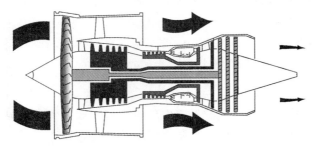

图 4-4　高涵道比涡扇发动机

二、涡扇发动机的工作特点

涡扇发动机工作时，进气道的空气分内、外两路流过发动机。流入内涵的空气同涡喷发动机一样，也要经过压缩、燃烧和膨胀过程，从喷口高速喷出，产生内涵推力。但是，由于涡扇发动机的涡轮不仅要带动压气机，还要带动外涵的风扇，所以同涡喷发动机相比，燃气在涡扇发动机的涡轮中将膨胀得更多一些，以便将更多的燃气热能转换成涡轮功，从而带动压气机和风扇；同时燃气必然在喷管内膨胀得少一些，使涡扇发动机的内路喷气速度较涡喷发动机小。

流入外涵的空气，经风扇叶片加压，气体压力、温度升高，在外涵喷管中膨胀加速，最后喷出发动机（一般比内涵喷气速度小），从而产生外涵推力。

所以，涡扇发动机是通过将部分燃气热能转换成涡轮功并传递给风扇，提高内、外涵空气动能，使更多的空气参与产生推力。

经理论推导和试验表明：当涵道比一定时，传递给外涵风扇的能量多少，对发动机性能有直接影响。对分路排气的涡扇发动机，若传递的能量过少，则内涵喷气速度过高，内涵气体动能损失增大，发动机总的推进效率将减小；若传递的能量过多，则外涵喷气速度过高，外涵气体动能损失增大，发动机总的推进效率也将减小；只有当传递的能量使内、外涵喷气速度相等时，发动机总的推进效率最高。对混合排气的涡扇发动机，只有当传递给外涵风扇的能量，使内、外涵的气体在混合处总压相等时，发动机的总压损失最小，发动机推进效率最高。

需要特别指出的是：对高涵道比涡扇发动机而言，由于外涵空气流量很大和涡轮前温度限制，要使内、外涵喷气速度相等或使内、外涵气体总压相等较难实现。所以，当涡轮前温度提高，将使更多的燃气热能转换成涡轮功并传递给风扇。一方面使发动机有效效率增加，另一方面由于风扇加功量增加，使外涵喷气速度（气体总压）接近于内涵喷气速度（气体总压），使发动机推进效率提高。所以随着涡轮前温度的提高，高涵道比涡扇发动机的推力和经济性越好。

总体上讲，涡扇发动机主要有以下特点：

1. 参与产生推力的空气流量大

由于内、外涵空气速度增加，涡扇发动机都可产生推力，所以，参与产生推力的空气量较多。随着涵道比的增加，参与产生推力的空气流量更多。

例如，JT8D-9 涡扇发动机，涵道比为 1.05，地面起飞时，外涵空气流量为 74.11 kg/s，内涵流量为 70.58 kg/s；CF6-6D 涡扇发动机，涵道比为 5.88，地面起飞时，外涵空气流量为 499.72 kg/s，内涵流量为 85.00 kg/s。

2. 发动机有效效率高

涡扇发动机，尤其是混合排气的涡扇发动机的有效效率较高。第一，由于涡扇发动机一般为双（三）转子发动机，压气机防喘性能较好，所以压气机增压比设计较高，使热能的利用率提高，发动机有效效率较高；第二，涡扇发动机由于压气机中间级防喘放气工作时，内涵高压空气可释放到发动机外涵，能继续产生推力，可部分补偿推力损失；第三，外涵空气可吸收内涵部件散热热量，提高了外涵空气温度，有助于提高外涵推力，减小了推力损失。

3. 发动机推进效率较高

涡扇发动机的部分燃气热能通过高效率的涡轮传递给风扇，由于风扇的工作效率高，有助于提高发动机推进效率；同时，内涵喷气速度降低，发动机离速损失减小，也有助于提高发动机推进效率。

所以，涡扇发动机的总效率高，发动机经济性好。

对高涵道比涡扇发动机而言，当飞行马赫数在 0.8 ~ 0.9 时，发动机推进效率最高，所以高涵道比涡扇发动机适宜作高亚音速飞机动力装置；对加力的低涵道比涡扇发动机而言，不仅可明显提高亚音速飞行时发动机的推进效率，改善亚音速飞行时的经济性，而且在超音速段（ $Ma = 2$ 左右）涡扇发动机的性能与涡喷发动机相当。所以，超音速战斗机也广泛采用带加力的低涵道比涡扇发动机。

4. 起飞、复飞推力大

涡扇发动机，尤其是高涵道比涡扇，涡轮前温度设计较高，可有效提高发动机推力；同时由于发动机主要是通过提高外涵空气流量来提高发动机推力的，当低速飞行时，气体动能增量因飞行速度的减小而增加，所以发动机起飞推力较大。这正满足了大、重型民航机起飞、复飞时对发动机高推力的需求，可有效缩短起飞滑跑距离及提高飞机中断/继续起飞性能，改善了飞机飞行性能及安全性。

5. 喷气噪声低

涡扇发动机，尤其是混合排气的高涵道比涡扇，由于发动机内、外涵的喷气速度大大降低，而发动机喷气噪声强度与喷气速度的八次方成正比。所以发动机喷气噪声较低，发动机总的噪声水平也较低，减小了对环境的噪声污染。

涡扇发动机在具有上述优点的同时也有一些缺点，如结构较为复杂；随着涵道比的增加，发动机的迎面阻力也相应增大等。总之，涡扇发动机无论在民航机还是在军用机上都得到广泛应用，是目前燃气涡轮发动机中最具发展潜力的类型之一。

三、质量附加原理

质量附加原理是指：在一定的飞行速度下，当工质获得的可用能量（即可转变成气体动能的能量）一定时，如果工质的质量越大，即参加产生推力的质量越多，则发动机的经济性越好，推力越大。

为了更好地说明质量附加原理，下面我们在"同参数"条件下，比较涡喷和涡扇发动机的推力和经济性（如图 4-5 所示的两种发动机）。

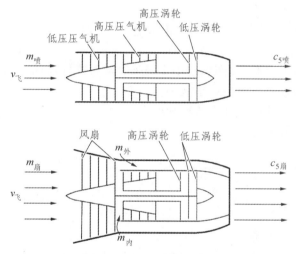

图 4-5　"同参数"的涡扇发动机和涡喷发动机

"同参数"条件是指：在一定的飞行速度下，两台发动机具有相同的发动机的压气机增压比、涡轮前温度、发动机供油量，即两台发动机气体获得的可用能量一样（为便于理解，可认为此涡扇发动机是在该涡喷发动机基础上演变而来的）。

涡扇发动机的总空气流量为内、外涵空气质量流量之和

$$\dot{m}_{扇} = \dot{m}_{内} + \dot{m}_{外} \tag{4.2}$$

涡喷发动机没有外涵，其总空气流量用 $\dot{m}_{喷}$ 表示。

在"同参数"条件下，可认为涡扇发动机的内涵空气流量应与涡喷发动机的空气流量相同，即

$$\dot{m}_{内} = \dot{m}_{喷} \tag{4.3}$$

$$\dot{m}_{扇} = \dot{m}_{喷}(1+B) \tag{4.4}$$

涡喷发动机总的气体动能增量为

$$\Delta E_{K\text{喷}} = \dot{m}_{\text{喷}} \left(\frac{1}{2} c_{5\text{喷}}^2 - \frac{1}{2} v_{\text{飞}}^2 \right) \tag{4.5}$$

涡扇发动机总的气体动能增量为

$$\Delta E_{K\text{扇}} = \dot{m}_{\text{扇}} \left(\frac{1}{2} c_{5\text{扇}}^2 - \frac{1}{2} v_{\text{飞}}^2 \right) \tag{4.6}$$

式中　$c_{5\text{扇}}$——涡扇发动机内、外涵混合后总的喷气速度。

在"同参数"条件下，有

$$\Delta E_{K\text{喷}} = \Delta E_{K\text{扇}} \tag{4.7}$$

经整理有

$$(1+B) \cdot \left(\frac{1}{2} c_{5\text{扇}}^2 - \frac{1}{2} v_{\text{飞}}^2 \right) = \left(\frac{1}{2} c_{5\text{喷}}^2 - \frac{1}{2} v_{\text{飞}}^2 \right) \tag{4.8}$$

所以，涡扇发动机的喷气速度 $c_{5\text{扇}}$ 小于涡喷发动机喷气速度 $c_{5\text{喷}}$，并且随着涵道比的增加，涡扇发动机喷气速度将进一步减小。

下面来比较两台发动机的推进效率和推力。

根据发动机推进效率的定义，有

$$\eta_{\text{推}} = \frac{R \cdot v_{\text{飞}}}{\Delta E_K} = \frac{2v_{\text{飞}}}{c_5 + v_{\text{飞}}} \tag{4.9}$$

涡喷发动机的推进效率为

$$\eta_{\text{推喷}} = \frac{R_{\text{喷}} \cdot v_{\text{飞}}}{\Delta E_{K\text{喷}}} = \frac{2v_{\text{飞}}}{c_{5\text{喷}} + v_{\text{飞}}} \tag{4.10}$$

混合排气涡扇发动机的推进效率为

$$\eta_{\text{推扇}} = \frac{R_{\text{扇}} \cdot v_{\text{飞}}}{\Delta E_{K\text{扇}}} = \frac{2v_{\text{飞}}}{c_{5\text{扇}} + v_{\text{飞}}} \tag{4.11}$$

即

$$\frac{\eta_{\text{推扇}}}{\eta_{\text{推喷}}} = \frac{c_{5\text{喷}} + v_{\text{飞}}}{c_{5\text{扇}} + v_{\text{飞}}}$$

因由式（4.8）可得 $c_{5\text{扇}} < c_{5\text{喷}}$，可推出

$$\frac{\eta_{\text{推扇}}}{\eta_{\text{推喷}}} > 1$$

即

$$\eta_{推扇} > \eta_{推喷}$$

所以，涡扇发动机的推进效率高于涡喷发动机。由于在"同参数"条件下，可认为发动机有效效率相同，因而涡扇发动机总效率比涡喷发动机高，发动机经济性比涡喷发动机好。因

$$\Delta E_{K喷} = \Delta E_{K扇}$$

由式（4.10）、（4.11）可得

$$\frac{R_{扇}}{R_{喷}} = \frac{\eta_{推扇}}{\eta_{推喷}}$$

由 $\eta_{推扇} > \eta_{推喷}$，可得 $\frac{R_{扇}}{R_{喷}} > 1$，即 $R_{扇} > R_{喷}$。

所以，涡扇发动机的推力大于涡喷发动机推力。

当发动机在地面工作，$v_{飞} = 0$ 时，由式（4.8）有

$$c_{5扇} = \frac{1}{\sqrt{1+B}} \cdot c_{5喷} \tag{4.12}$$

将式（4.4）、（4.12）带入发动机推力公式，有

$$\frac{R_{扇}}{R_{喷}} = \frac{\dot{m}_{扇} \cdot c_{5扇}}{\dot{m}_{喷} \cdot c_{5喷}} = (1+B) \cdot \frac{1}{\sqrt{1+B}} = \sqrt{1+B} \tag{4.13}$$

由此可见，在"同参数"条件下，涡扇发动机的经济性和起飞推力都比涡喷发动机优越；并且随着涵道比的增加，涡扇发动机喷气速度进一步减小，气体离速损失减小，发动机推进效率升高，发动机经济性更好，推力更大。但随着涵道比的增加，涡扇发动机的迎风面积将增加，发动机的外部阻力将增加，进而影响发动机的速度性能。

需要说明的是，质量附加原理是在一定的飞行速度下比较"同参数"涡喷和涡扇发动机的推力和经济性。事实上，当 $Ma > 1$，发动机进气道将产生激波，激波阻力将使发动机有效推力减小。所以，不同涵道比的涡扇发动机作超音速飞行时，随着涵道比的增加，发动机推力和经济性将变差。因而涡扇发动机主要是改善了亚音速飞行时发动机的推力和经济性。高涵道比涡扇发动机不适宜作超音速飞行，只有涡喷和低涵道比涡扇发动机适宜作超音速飞行。

四、涡扇发动机的涵道比及对性能的影响

涡扇发动机的涵道比是外涵空气流量与内涵空气流量的比值，是涡扇发动机主要的性能参数。在亚音速飞行条件下，当涵道比增加时，若内涵空气流量不变，则外涵空气流量增加，风扇传递给外涵空气总的能量增加；对于混合排气的涡扇发动机，根据质量附加原理，发动机总的喷气速度将进一步降低，推进效率升高，发动机的推力和经济性

变好；对于分路排气的涡扇发动机，随着涵道比升高，外涵喷气速度增加，内涵喷气速度降低，发动机总的推进效率增加，发动机的推力和经济性变好。同时，随着涵道比的增加，发动机外阻将增加，发动机速度性能将变差。所以，涡扇发动机，尤其是高涵道比的涡扇，随着压气机增压比和涡轮前温度的不断提高，涵道比应相应增加，可改善亚音速飞行时发动机的推力和经济性。

对使用中的涡扇发动机，涵道比并不是一固定值，将随着飞行条件及发动机的性能衰减而变化。例如，当发动机转速或飞行 Ma 数变化时，由于内、外涵空气流量的变化不完全一致，发动机涵道比将随之变化，从而对发动机性能产生一定影响。当发动机转速增加时，内涵压气机增压比增加得较外涵风扇增压比快，所以，内涵空气流量的增加较外涵空气流量增加得多，涵道比减小；当飞行马赫数增加时，因高压压气机增压比减小，因而，内涵空气流量增加得较外涵慢，涵道比增加。由于在实际分飞行使用中，涵道比变化不大，本书在分析涡扇发动机性能时没有考虑此项因素的影响。用于 B777 的 3 种涡扇发动机的主要参数见表 4-1。

表 4-1　B777 的 3 种涡扇发动机的主要参数

型号	起飞推力/daN	涵道比	总压比	涡轮前温度/°C	风扇直径/m
GE90	38 660→44 500	9	45	1 362	3.12
PW4080	37 200→40 000	7	36	1 295	2.884
瑞达 800	37 580	6	39.3	1 325	2.749

五、涡扇发动机的推力

涡轮风扇发动机的推力为内、外涵气体产生的推力之和。

对混合排气的涡扇

$$R = \dot{m}_{空}(c_{5混} - v_飞) \tag{4.14}$$

对分路排气

$$R = R_内 + R_外 = \dot{m}_内(c_5 - v_飞) + \dot{m}_外(c_{5II} - v_飞) \tag{4.15}$$

随着涵道比的增加，外涵空气流量所占的比例增加，燃气将更多的可用能量传递给风扇，发动机总推力中外涵空气产生的推力比例增大，见表 4-2。

表 4-2　不同涵道比发动机外涵推力占总推力的比例

类型 状态	JT8D （$B = 1.05$）	JT15D （$B = 2.6$）	RB211-22B （$B = 5.0$）	CFM56 （$B = 6.0$）
地面起飞	39%	61%	76.2%	80%
高空巡航	30%	44.4%	60%	67.4%

对高涵道比涡扇发动机而言，风扇是发动机产生正推力的主要部件，风扇的工作性能将直接影响到发动机的推力输出。飞行中，风扇叶片容易受到外来物的击伤而损坏，机组应特别注意监控风扇的工作状态，使用中应注意以下几点。

1. 注意监控风扇转子的转速 N_1，防止超转

飞行中，当发动机油门一定时，风扇转子转速 N_1 应稳定在某一定值，若发动机风扇叶片损坏，风扇转子转速 N_1 将发生波动（下降、摆动或悬挂）。此时应适当收小油门，使转速稳定。

发动机超转（尤其 N_1 超转）将会严重损坏发动机，直接危及飞行安全。虽然目前高涵道比涡扇发动机有较为完善的超转保护，但是在飞行使用中（尤其在发动机加速时），也应特别注意防止超转。

目前，高涵道比涡扇发动机，无论是涡轮部件还是风扇，都为包容环外罩，但只能保证叶片断裂后，防止叶片飞出打坏飞机部件。所以，若因使用或发动机故障引起的发动机风扇转子超转，将使风扇转子负荷过重，风扇转子容易断裂，进而使低压涡轮失去负荷，进一步加剧 N_1 超转，低压涡轮或风扇转子一旦飞出，其后果将是毁灭性的。有的发动机（如 RB211-535E4 涡扇发动机）一旦 N_1 出现超转，发动机将紧急自动断油停车，确保飞行安全。

例如，1988 年 5 月，国内某航空公司一架图 154M 飞机从广州白云机场起飞 10 min 后，位于机尾的 2 号发动机发生严重断轴故障，四级低压涡轮全部甩出机身（该型发动机无低压转子超转提车保护），将飞机尾部（除顶端外）约 300° 环形区蒙皮击穿，形成严重的低压涡轮非包容破裂事件。由于甩出的碎片未对机身、操纵等系统造成损伤，同时机组处置正确，及时返航落地，幸未酿成灾难（1987 年 5 月 3 日，波兰航空公司的伊尔-62 飞机发生类似事故，由于碎片击中机体，造成 183 人死亡的重大空难事故）。

2. 注意监控发动机风扇转子的振动指示

风扇转子振动指示仪表用来指示转子水平振动强度。飞行中，在一定的飞行条件和发动机状态下，发动机振动指示值应变化不大，若出现发动机振动指示值突变，则可能是发动机风扇转子发生故障的征兆。当发动机风扇叶片损坏，此时风扇转子的平衡遭到破坏，转子振动加剧，振动指示值将变大。

空中飞行中，若出现上述情形，机组应按飞机《飞行手册》中"应急检查单"相应程序进行处理。一般原则是：首先适当收小油门，观察发动机 N_1 和振动指示是否恢复正常，并通过发动机其他参数和信号指示（如 N_2、EPR、T、p 等），进一步确认是否发动机故障，若发动机工作正常，则可继续使用；否则，应实施发动机停车程序，并就近选择机场着陆。

例如，1996 年 8 月 11 日，国内某航空公司一架 B737-300 飞机，执行武汉—贵阳航班任务。17:00 从武汉天河机场起飞时，一群鸟与飞机相撞，左发振动值增大，经塔台同意，17:18 返航落地。经地面检查发现左发动机遭鸟击，8 片风扇叶片受损。

3. 正确使用发动机反推装置

使用发动机反推装置时，一般情况下，当飞机减速到一定值时，应及时退出反推状态；同时，高涵道比涡扇发动机禁止用发动机反推来倒飞机，防止地面砂石损伤风扇叶片。

4. 飞行前应注意检查风扇叶片

飞行前检查时，机组应注意检查风扇叶片有无裂纹及损伤，确保发动机进气道和发动机前方清洁、无异物，防止外来物被吸入发动机；发动机启动前注意观察发动机前方，必须确认危险区域无人员、车辆等。

第二节　涡桨及涡轴发动机

一、涡轮螺旋桨发动机

涡轮喷气发动机自20世纪40年代初期问世以来，因亚音速推进效率低、经济性差，其应用范围受到一定的局限，尤其在运输机、民航机上。由于螺旋桨在中、低速时工作效率高，所以，人们在涡喷发动机的基础上研制出了涡轮螺旋桨发动机（简称涡桨），广泛用在中、低速的运输机、轰炸机和支线民航机上。

（一）涡桨发动机的基本组成及工作

典型涡桨发动机的组成，如图4-6所示。包括螺旋桨、减速器、进气装置、燃气发生器、动力（自由）涡轮和排气装置。由于涡桨发动机进、排气速度不高，进气道和喷管已退化为进气装置和排气装置。进气装置的主要作用是确保空气顺利进入发动机，有的发动机进气装置中还有防尘、防冰装置；排气装置的作用是使燃气顺利喷出发动机，同时也产生少量推力，有的发动机排气装置中还装有热交换器和消音器；减速器位于螺旋桨与发动机功率输出轴之间，作用是使螺旋桨转速低于涡轮功率输出轴转速，从而确保在发动机输出较大功率的同时，螺旋桨的效率较高；燃气发生器是涡桨发动机的核心部件，作用是产生高温、高压燃气，便于在涡轮中膨胀。为了将燃气绝大部分的可用能量通过涡轮传递给螺旋桨，涡桨发动机的涡轮都为多级涡轮，以确保燃气在涡轮中充分膨胀，最后通过涡轮轴输出扭矩并经减速器减速后带动螺旋桨，产生推进力。

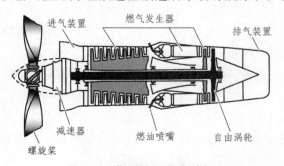

图 4-6　典型的涡桨发动机

　　涡桨发动机工作系统除一般燃气涡轮发动机的系统外，还必须包括螺旋桨转速调节系统和顺、回桨等螺旋桨负拉力控制装置，确保螺旋桨的工作效率和飞机的飞行性能及飞行安全。

　　涡桨发动机工作时，螺旋桨后的部分空气从进气装置进入发动机，在压气机中受到压缩，压力、温度提高；然后在燃烧室中与燃油混合燃烧，形成高温、高压燃气，燃气在涡轮中充分膨胀，将大部分燃气的可用能量转换成涡轮机械功；涡轮带动压气机和（经减速器）螺旋桨转动，通过螺旋桨产生推进力，最后燃气从排气装置中排出，产生少量推力。

　　涡桨发动机可根据发动机转子的数量分为单轴式和双轴式涡桨发动机，如图 4-7 所示。单轴式涡桨发动机的螺旋桨与发动机共为一个轴，这种发动机结构较为简单，但发动机工作效率低，发动机与螺旋桨工作的协调性不好，性能较差，常用在早期的涡桨发动机上，如 WJ5AI 发动机。双轴式涡桨发动机又可分为自由涡轮式和非自由涡轮式。自由涡轮式涡桨发动机的高压涡轮用来带动压气机，也叫压气机涡轮或燃气发生器涡轮；低压涡轮通过减速器带动螺旋桨，所以也叫动力涡轮或自由涡轮。非自由涡轮式涡桨发动机的低压涡轮除带动低压压气机外，还经减速器带动螺旋桨。双轴式涡桨发动机除具有双转子发动机通用的优点外，还可减轻减速器负荷，这是由于低压转子转速较低，减速比减小的缘故；同时双轴式涡桨发动机便于调节，便于启动。目前，民航机上的涡桨发动机多为双轴式自由涡轮结构。

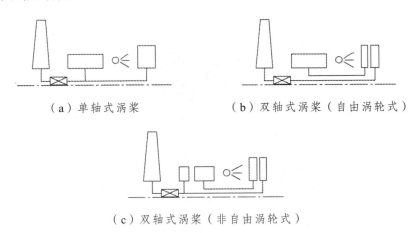

（a）单轴式涡桨　　　　　　　　（b）双轴式涡桨（自由涡轮式）

（c）双轴式涡桨（非自由涡轮式）

图 4-7　涡桨发动机的类型

（二）涡桨发动机的工作特点

1. 发动机推进力主要来自螺旋桨拉力

　　涡桨发动机将绝大部分（90% 左右）的燃气可用能量转变成涡轮机械功用以带动螺旋桨，以充分发挥螺旋桨中、低速飞行时推进效率高的优点；只有少量（10% 左右）可用能量用来增加气体动能，从而大大降低了喷气速度，降低了离速损失，提高了发动机推进效率。

2. 发动机起飞推进力大，飞机起飞性能好

当发动机传递给螺旋桨的功率一定时，随着飞行速度的降低，螺旋桨拉力增大。由于发动机推进力主要来自螺旋桨拉力，所以飞机起飞时涡桨发动机的推进力大，可有效缩短起飞滑跑距离，改善飞机的起飞性能。

3. 在一定条件下，螺旋桨可产生较大负拉力，改善飞机着陆和中止起飞性能

当螺旋桨桨叶迎角为负迎角时（可通过减小桨叶角实现），螺旋桨将产生负拉力。所以当飞机着陆（或中止起飞时）时，可使螺旋桨桨叶迎角变为负迎角，从而为飞机提供负拉力，有效缩短飞机滑跑距离，改善飞机着陆和中止起飞性能。当然，在空中飞行时，若飞行员使用不当（如空中小油门时），也可能使螺旋桨产生负拉力（《飞行原理》中有详细介绍），从而危及飞安全。

4. 发动机中、低速经济性好

当飞机中、低速飞行时，由于螺旋桨的工作效率高；同时，喷气速度低，动能损失小，喷气推进效率高，所以涡桨发动机总的推进效率高，经济性好。

当飞行速度过高（> 600 km/h）时，螺旋桨将产生较大的激波阻力，导致螺旋桨效率急剧下降，如图 4-8 所示，发动机性能迅速变差。所以涡桨发动机只适宜作中、低速飞行飞机的动力装置。

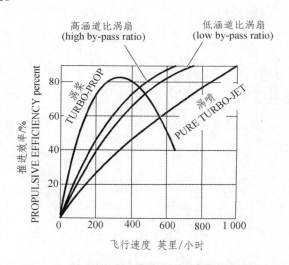

图 4-8　飞行速度对发动机推进效率的影响

5. 发动机功率的输出受到减速器负荷的限制

涡桨发动机工作时，由于发动机绝大部分的推进力是由动力涡轮经减速器传递给螺旋桨，减速器的减速比可高达 1:15，减速器齿轮承受巨大的扭矩，负荷较重。所以减速器传递的功率将受到减速器质量和尺寸的限制，进而使涡桨发动机的功率输出不可能无限制增加。事实上，目前涡桨发动机减速器的质量已相当于压气机和涡轮的总和，减速器的工作寿命直接影响到发动机的使用寿命。所以，涡桨发动机在使用中，应特别防止发动机超负荷使用（尤其在冬季飞行时）。

由此可见，涡桨发动机不仅中、低速经济性好，而且对起飞、着陆机场的要求不高，最适宜作中、低速支线运输飞机的动力装置。因螺旋桨的噪声较大，对飞机的舒适性具有一定影响。随着螺旋桨性能的改进，涡桨发动机的应用前景广阔。

根据涡桨发动机的工作特点，当涡轮前温度 T_3^* 提高时，燃气将更多的可用能量传递给螺旋桨，产生拉力，发动机排气速度不会随之增加，而螺旋桨效率基本不变。所以，随着涡轮前温度的升高，一方面发动机有效效率提高，另一方面发动机推进效率不会减小，发动机的总效率升高，发动机经济性变好。所以，不断提高发动机的涡轮前温度，可改善涡桨发动机的性能。

（三）涡桨发动机的主要性能参数

涡桨发动机的主要性能参数较多，本书只介绍当量功率和当量燃油消耗率。

1. 当量功率 $N_当$

在介绍当量功率前，我们先介绍以下几个基本概念：

1）发动机有效功率 N_e

发动机用来带动螺旋桨的功率，称为发动机有效功率。

2）螺旋桨轴功率 N_s

发动机经减速器传递给螺旋桨的功率，称为螺旋桨轴功率，它与发动机有效功率的关系为

$$N_s = N_e \cdot \eta_m \qquad (4.16)$$

式中　　η_m——减速器的机械效率，一般为 0.97 ~ 0.98。

涡桨发动机螺旋桨轴功率通常通过测量减速器传递的扭矩来反映，如图 4-9 所示。公式为

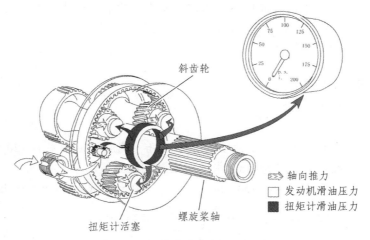

图 4-9　涡桨发动机扭矩的测量

$$N_s = K \cdot M \cdot n_p \qquad (4.17)$$

式中　　M——减速器传递的扭矩；

　　　　n_p——螺旋桨转速；

　　　　K——发动机结构常数。

　　所以，当螺旋桨轴功率一定时，螺旋桨转速越低，减速器传递的扭矩越高。对具体的发动机，为了防止减速器齿轮的过度磨损，确保发动机使用寿命，必须对发动机扭矩进行限制，飞行中不允许超过扭矩的限制值。如 PT6A-61 发动机，发动机最大扭矩限制在 2 230 lb·ft 以下。

　　3）螺旋桨的推进功率 N_p

　　螺旋桨的拉力推动飞机前进所作的功率，称为螺旋桨的推进功率，即

$$N_p = P \cdot v_飞 \qquad (4.18)$$

式中　　p——螺旋桨拉力；

　　　　$v_飞$——飞机飞行速度。

　　4）螺旋桨效率 η_p

　　螺旋桨推进功率与螺旋桨轴功率之比，称为螺旋桨效率，即

$$\eta_p = \frac{N_p}{N_s} \qquad (4.19)$$

　　所以，发动机提供给螺旋桨的轴功率并不能全部用来产生推进功率，存在的损失有桨叶的摩擦损失、激波损失（一定条件下存在）和离速损失。在飞行使用中，螺旋桨效率主要随桨叶迎角和飞行速度变化（在《飞行原理》中有详细介绍）。

　　由于涡桨发动机的推进力来自螺旋桨拉力和少量的喷气推力，为了全面描述涡桨发动机输出的功率，我们假设喷气的推进功率是由螺旋桨产生的，并且折合为螺旋桨轴功率，此折合功率与螺旋桨自身轴功率之和定义为当量功率，用公式表示为

$$N_当 = N_s + \frac{R \cdot v_飞}{75 \cdot \eta_p} \ \ (\text{hp}) \qquad (4.20)$$

式中　　η_p——螺旋桨效率；

　　　　R——喷气推力，daN；

　　　　$v_飞$——飞行速度，m/s。

　　例 4-1　某涡桨发动机，飞行速度为 300 km/h，螺旋桨轴功率为 720 hp，同时产生 130 lb 的推力，若螺旋桨效率为 0.8，求此时发动机的当量功率。

　　解　已知：$v_飞 = 300 \text{ km/h} = 154.3 \text{ m/s}$；$N_s = 720 \text{ hp}$；$R = 130 \text{ lb} = 59 \text{ daN}$；$\eta_p = 0.8$。

　　当量功率　$N_当 = N_s + \dfrac{R \cdot v_飞}{75 \cdot \eta_p} = 720 + \dfrac{59 \times 154.3}{75 \times 0.8} = 872 \ (\text{hp})$

　　当发动机在地面工作，飞行速度为零，发动机推进功率为零，所以，此时无法利用

式（4.20）来计算发动机当量功率大小。由实验得知，发动机在地面工作时，螺旋桨要产生 1 kgf* 的拉力，螺旋桨需要 0.83 ~ 0.91 hp 的轴功率，利用此换算系数，就可以得出发动机当量功率，用公式表示为

$$N_{当0} = N_{s0} + K \cdot R_0$$

式中　　$N_{当0}$——飞行速度为零时的当量功率；

　　　　N_{s0}——飞行速度为零时，发动机传递给螺旋桨的功率；

　　　　R_0——飞行速度为零时，发动机的喷气推力；

　　　　K——$K = 0.83 \sim 0.91$，称为马力折合系数，单位为：hp/daN，其值随螺旋桨的型别不同而变化。

例 4-2　在试车台上试验某涡桨发动机时，测得螺旋桨轴功率为 2 655 hp，喷气推力 $R_0 = 271 \text{ daN}$，取马力折合系数为 0.90，求此时发动机当量功率。

解　当量功率

$$N_{当0} = N_{s0} + K \cdot R_0 = 2\ 655 + 0.90 \times 271 = 2\ 899 \text{ (hp)}$$

2．当量燃油消耗率

发动机每产生 1 hp 的当量功率，在 1 h 内所消耗燃油质量，称为当量燃油消耗率。在一定条件下描述了涡桨发动机的经济性。

涡桨发动机起飞当量燃油消耗率为：0.20 ~ 0.28 kg/(hp·h)。可以看出，数据已接近航空活塞发动机的经济性。

影响涡桨发动机当量功率和当量燃油消耗率的因素较多，今后将在具体的发动机性能中介绍。

（四）涡桨发动机控制及操纵杆

涡喷和涡扇发动机主要通过操纵杆来控制燃油量，避免超温。涡桨发动机的驾驶员不但要调节燃油流量来保证发动机不超温超转，而且还必须调节螺旋桨的桨叶角，即控制螺旋桨的转速，进而实现变距螺旋桨在飞机的不同飞行阶段都保持较高的螺旋桨效率。

涡桨发动机的操纵杆通常是由功率控制杆和螺旋桨控制杆两部分组成，分别用于调节发动机的功率和螺旋桨的桨叶角。功率控制杆调节发动机从最大起飞功率到反桨功率。在前推力方式，功率控制杆操作燃气发生器调节器，控制燃气发生器转速。当杆移到称为 β 控制范围时，功率控制杆直接控制桨叶角；当杆放在反推方式也是如此。在 β 范围和反推方式，功率控制杆和螺旋桨控制组件直接互连，燃气发生器转速按照预定计划随着螺旋桨桨叶角逐渐减小而增加。功率杆位置高于 β 范围，螺旋桨控制杆操作螺旋桨控制组件，因此决定和限制螺旋桨被控制的转速范围。因为在发动机中自由涡轮和螺旋桨通过减速器机械相连，这意味着，螺旋桨控制杆也决定和限制自由涡轮的转速调节范围。

---

* kgf：非法定计量单位：1 kgf≈9.8 N。

在正常飞行状态，螺旋桨控制组件因此也作为恒速调节装置，影响飞行状况的变化，匹配螺旋桨扭矩对应发动机扭矩。此外，螺旋桨控制组件能够手动选择要求的桨叶角，这是在低空速飞行和当飞机在地面时，借助于功率控制杆在 β 范围同螺旋桨控制组件互相实现。

现代涡桨发动机的螺旋桨多是恒速螺旋桨。保持螺旋桨恒速是由螺旋桨调速器实现的。它感受螺旋桨或自由涡轮转速，通过改变螺旋桨的桨叶角，即变大距或变小距，进而改变其负荷并维持螺旋桨恒速。

涡桨发动机燃油控制器中有最大转速限制器、排气温度限制器以及扭矩限制器，以保证这些重要的发动机参数不超出安全极限。

（五）螺旋桨负拉力控制简介

正常飞行中，螺旋桨产生使飞机前进的拉力，即螺旋桨处在正拉力状态。但在一定条件下，螺旋桨若出现负迎角，将产生负拉力，阻碍飞机前进。空中飞行时，若负拉力过大，将给飞行操纵带来很大困难，甚至危及飞行安全。所以，正常飞行中，一般应防止螺旋桨产生过大的负拉力。下面简要介绍螺旋桨负拉力的控制（详细内容见《飞行原理》相应章节）。

1. 螺旋桨小距限动

空中飞行时，当发动机油门较小时，螺旋桨将自动变小距，保持螺旋桨转速不变，但若螺旋桨桨叶角过小时，将出现负的桨叶迎角，产生负拉力。所以，涡桨发动机螺旋桨调速器都有空中小桨距限制，即最小桨叶角限制。如 WJ5A1 发动机，空中最小桨叶角为 20°，PT6A-61 发动机，空中最小桨叶角为 21°。同时，为了防止空中产生过大负拉力，还应防止空中油门过小。

2. 螺旋桨小距限动的解除

当飞机着陆时，在油门收到慢车的同时，应立即解除螺旋桨小距限制，使螺旋桨桨叶角能够迅速变到最小距（有的发动机还可变到负的桨叶角即反桨位置），从而使螺旋桨迅速产生负拉力，有效缩短飞机的着陆滑跑距离。

3. 顺桨

顺桨是指将螺旋桨变大距到最大桨叶角位置。对双发及以上的涡桨发动机，当在空中出现一台发动机停车时，机组应迅速对停车发动机实施顺桨，将螺旋桨桨叶角变到最大桨叶角位置（WJ5A1 发动机为 92.5°，PT6A-61 发动机为 87°），从而使螺旋桨飞行阻力最小，确保飞机的操纵性及飞行安全。

4. 回桨

回桨是指对已顺桨的发动机螺旋桨变小距，使之退出顺桨位置，便于发动机空中启动。

（六）桨扇发动机简介

涡桨发动机只有在中、低速经济性较好，因为受到普通螺旋桨性能的限制。随着高效率的超音速螺桨的研制成功和不断完善，以及涡轮前温度和压气机增压比的不断提高，为了充分发挥涡桨和高涵道比涡扇发动机的优点，人们研制出一种介于两者之间的新型发动机——桨扇发动机（也叫螺桨风扇发动机），如图 4-10 所示。它具有超高涵道比（30～40）、优越的亚音速经济性，同时具有高亚音速巡航能力。

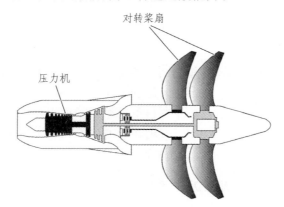

图 4-10　典型的桨扇发动机

桨扇发动机的推进器（桨扇）的工作特点介于螺旋桨和风扇之间，如图 4-11 所示。由 8～10 片可变距、带后掠的叶片组成，桨扇一般位于发动机后部，经减速器与低压涡轮相连。

图 4-11　桨扇

桨扇发动机与高涵道比涡扇发动机相比，具有以下明显的优点：

1. 经济性好

主要是因为涵道比高以及桨扇工作效率高，发动机推进效率高的缘故，特别是随着发动机涡轮前温度的进一步升高，发动机有效效率增加，而推进效率不会减小，发动机经济性会进一步改善。在目前的条件下，桨扇发动机与高涵道比涡扇发动机比较，可省油 25%～30%。

2. 起飞和爬升性能好

由于桨扇发动机的起飞推力可进一步增大，可改善飞机的起飞和爬升性能。

　　桨扇发动机目前还处在研制、试飞阶段，一方面目前 T_3^* 温度还没有达到足够高的水平（例如 2 000 K），桨扇发动机的性能不能充分发挥；此外，桨扇发动机本身也存在一些问题，有待进一步研究和解决，如桨扇叶片的工作可靠性、噪声，等等。但随着石油价格的上涨，桨扇发动机将是未来大型民航机动力装置的选择之一。

二、涡轮轴发动机

　　在 20 世纪 50 年代以前，直升机的动力装置都为航空活塞发动机。燃气涡轮发动机问世以后，为了利用其质量小、功率大的优点，在涡喷和涡桨发动机的基础上，成功研制出涡轮轴发动机，燃气通过动力涡轮（自由涡轮）轴输出功率，带动外界负荷。涡轴发动机在低速飞行时，经济性好，广泛应用在直升机上，也可作为舰船、机车、坦克等的动力装置。

（一）涡轴发动机的基本组成及工作

　　目前，使用中的涡轴发动机通常为自由涡轮式，如图 4-12 所示。包括进气装置、燃气发生器、动力涡轮、排气装置和减速器。进气装置的主要作用是确保清洁的空气顺利进入发动机，进气装置中有防尘、防冰装置；排气装置是使燃气顺利排出发动机，几乎不产生推力，有的发动机排气装置中还装有热交换器和消音器。燃气发生器是涡轴发动机的核心部件，作用是产生高温、高压燃气，便于在动力涡轮中膨胀。为了将燃气的全部可用能量转换成涡轮机械功，涡轴发动机的涡轮级数较多，分为压气机（或燃气发生器）涡轮和动力（或自由）涡轮，以确保燃气在涡轮中充分膨胀，其中压气机涡轮用来带动压气机，动力涡轮（自由涡轮）经减速器用来带动外界负荷；减速器的作用是使涡轮功率输出轴转速降低，便于带动旋翼和尾桨。

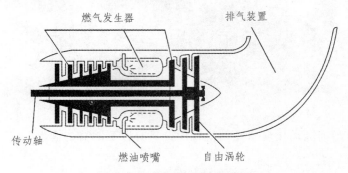

图 4-12　典型的涡轴发动机

　　为了使涡轴发动机输出较大功率，动力涡轮的转速很高（可达 35 000 r/min），而直升机的旋翼转速很低（一般最高只有 400 r/min 左右），所以需经多级减速才能实现功率的传递（如艾利森 250-C20B 涡轴发动机总的减速比高达 1∶84.5）。通常分为体内减速器（简称体减）和主减速器（简称主减）。其中，体减是发动机内的一部件；主减作为直升机的一部件，与旋翼相连，对多发飞机，则多发动机共用一主减。由此可见，直升机的主减工作负荷很重，是直升机的一个重要部件，其工作的可靠性和寿命直接影响到直升机的飞行性能和使用寿命。

涡轴发动机工作时，外界空气从进气装置进入发动机，在压气机中受到压缩；压力、温度提高，然后在燃烧室中与燃油燃烧，形成高温、高压燃气；燃气在压气机涡轮和动力涡轮中膨胀，几乎将全部的燃气可用能量转换成动力涡轮机械功输出给外界负载。事实上，燃气在涡轮中过度膨胀，涡轮出口燃气静压已低于大气压力，所以涡轴发动机排气装置的管道通常为扩散型，便于燃气减速扩压，减小排气阻力，在排气装置出口燃气静压等于外界大气压力，燃气以相当低的速度排出发动机，几乎不产生推力，因而涡轴发动机的排气管口可以按照飞机的整体要求确定其位置和排气方向。

应当指出的是，自由涡轮式涡轴发动机与双轴自由涡轮式涡桨发动机工作相似，部件除减速器外有时是通用的。同一型号的发动机，稍加改装后，既可作为一般飞机的动力装置，也可作为直升机的动力装置。

（二）涡轴发动机的工作特点

1. 发动机几乎将所有燃气可用能量通过动力涡轮输出功率

为了使发动机输出更大的功率，燃气在涡轴发动机涡轮中膨胀，将几乎全部的可用能量通过动力涡轮输出，经减速器带动旋翼和尾浆，喷气基本上不产生推力。所以，涡轴发动机基本上已演变成热机。

2. 发动机经济性好

由于直升机飞行速度一般都在低速范围（ $Ma < 0.3$ ），同时因发动机排气速度较低，气体离速损失很小，所以推进效率高，经济性好。目前，大功率的涡轴发动机的经济性已与航空活塞发动机相当。

3. 发动机的工作环境较为恶劣

直升机一般执行短程飞行任务，一方面是当直升机在起飞、爬高和悬停时，发动机经常处在大功率状态，且状态多变，使发动机热循环次数增加，机件容易疲劳损伤；另一方面是直升机经常在野外频繁起降，而且飞行高度较低，发动机容易受到外来物（如鸟类、海水和砂石等）的侵袭。

所以，涡轴发动机对机件的耐疲劳性能和压气机的抗侵蚀能力有更高要求，进气装置也有较为完善的防尘、防冰机构，从而确保涡轴发动机工作的可靠性。

4. 应用广泛

由于涡轴发动机基本上演变成了热机，通过动力涡轮轴输出的功率可以用来带动许多地面装置。较其他热机（如汽油机、柴油机等），涡轴发动机（尤其是大功率的发动机）在功率质量比、转子振动、启动性和加速性、发动机噪声、使用寿命及维护性能等诸方面有明显的优势。所以除应用于直升机外，涡轴发动机在非航空领域也得到了广泛应用，如可作为舰船、坦克、机车的动力装置；可用于发电设备、石油及天然气输送设备等。

同时，涡轴发动机也存在一些缺点，如制造成本较高；小功率的发动机经济性还不高等。但由于涡轴发动机在性能上的明显优势，已占直升机动力装置的统治地位，在非航空领域也得到广泛应用，发展前景广阔。

【 本章小结 】

目前，在民航机上，大型高亚音速民航机广泛采用高涵道比涡扇发动机；中、低速支线民航机广泛采用涡桨发动机；直升机广泛采用涡轴发动机。民航机对发动机的起飞推力（功率）、经济性和可靠性有更高要求。

对一定涵道比的涡扇发动机，对混合排气式涡扇，当传递给外涵的能量使内、外涵气体在混合时总压相等时，发动机推进效率最高；对分路式排气涡扇，当传递给外涵的能量使内、外涵喷气速度相等时，发动机推进效率最高。

涡扇发动机的特点主要有：① 参与产生推力的空气量多；② 发动机有效效率高；③ 发动机推进效率高；④ 起飞、复飞推力大；⑤ 喷气噪声低。

质量附加原理是：在一定的飞行速度下，当工质获得的可用能量一定时，如果工质质量越大，即参与产生推力的质量越多，发动机推力越大，经济性越好。

高涵道比涡扇发动机应随着压气机增压比和涡轮前温度的提高，相应增加涵道比，以改善亚音速飞行时发动机的推力和经济性能。同时，随着涵道比增加，发动机速度性能将变差。

高涵道比涡扇发动机的风扇是发动机产生正推力的主要部件。飞行中，机组应注意监控风扇的工作状态，主要有：① 注意监控风扇转子的转速，防止超转；② 注意监控发动机风扇转子的振动指示；③ 正确使用发动机反推装置；④ 飞行前注意检查风扇叶片。

涡桨发动机可分为单轴式涡桨和双轴式涡桨。目前民航机上的涡桨发动机多为双轴自由涡轮式。

涡桨发动机的工作特点有：① 发动机推进力主要来自螺旋桨拉力；② 发动机起飞推进力大，飞机起飞性能好；③ 在一定条件下发动机可产生较大负拉力，改善飞机着陆和中止起飞性能；④ 发动机中、低速经济性好；⑤ 发动机功率输出受到减速器负荷的限制。

当量功率为螺旋桨轴功率与喷气推进功率折合到桨轴的功率之和，描述了涡桨发动机相当的总的轴功率及发动机总的功率输出能力。

涡桨发动机的轴功率通过测量减速器传递的扭矩来反映。当轴功率一定时，螺旋桨转速越低，扭矩越高，减速器负荷越重。飞行中，必须遵守发动机最大扭矩限制。

顺桨是指螺旋桨变大距到最大桨叶角位置。双发及以上的涡桨发动机，当出现一台发动机空中停车时，机组应迅速实施顺桨，使螺旋桨飞行阻力最小，确保飞机的操纵性及飞行安全。

桨扇发动机不仅具有高亚音速巡航能力，同时具有良好的经济性和起飞、爬升性能。目前尚处于研制、试飞阶段。

涡轴发动机的工作特点有：① 发动机几乎将所有燃气可用能量通过动力涡轮输出功率；② 发动机经济性好；③ 发动机的工作环境较为恶劣；④ 应用广泛。

复习思考题

1. 试简要分析涡扇发动机的工作特点。
2. 试运用质量附加原理简要分析涵道比对涡扇发动机性能的影响。
3. 飞行中，如何监控涡扇发动机风扇的状态？
4. 试简要分析涡桨发动机的工作特点。
5. 什么是涡桨发动机的当量功率？
6. 什么是顺桨？顺桨的目的是什么？
7. 涡轴发动机的工作特点有哪些？
8. 涡桨发动机测量发动机扭矩的目的是什么？

第五章　发动机工作系统

发动机的工作系统是确保发动机正常工作的有机组成部分，主要有燃油系统、滑油系统、防冰系统、防火系统和起动系统等。本章将介绍燃油、滑油、防冰及防火系统的工作，起动系统将在第六章中介绍。

第一节　典型发动机的燃油系统

发动机燃油系统的功用是根据飞行员的指令和飞行条件，将清洁的、无蒸汽的计量燃油分配给各燃油喷嘴喷出，从而保证发动机安全、可靠地工作。

一、发动机燃油调节的必要性

如图 5-1 所示，在实际飞行中，发动机只能在一定的范围内稳定、连续、安全地工作。如高度限制、T_3^* 温度限制、转速限制等，发动机燃油系统的主要作用就是通过调节燃油量，确保发动机在此范围内工作，具体的目的有：

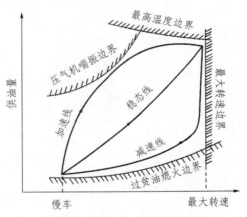

图 5-1　发动机安全工作范围

1. 保持发动机稳定工作状态的需要

在一定的飞机阶段（起飞、爬升、巡航等），为了确保发动机推力的稳定，要求发动机保持给定的工作状态及保持发动机转速的恒定。而实际飞行中，发动机不断受到外界的扰动（如大气温度、压力变化、飞行马赫数变化等），使发动机的转速发生变化，偏离其给定的工作状态。所以，此时需要调节供油量，保持发动机的转速不变，保持发动机的稳定工作状态。

2. 使发动机适应飞行条件变化的需要

当飞行条件（飞行高度、飞行马赫数等）变化时，进入发动机的空气流量将发生变化。进入燃烧室的燃油量也应随之而变化，才能确保发动机的安全工作。如，当飞机飞行高度增加，大气密度减小，空气流量减少，燃烧室将变富油，T_3^* 温度将升高。所以，应随着飞行高度的增加，相应减少供油量，防止发动机超温。

3. 确保发动机过渡过程性能的需要

在发动机加、减速和启动时，由于供油量的变化直接影响发动机的过渡过程的性能及安全性。所以，有必要对发动机的加速过程、减速过程和启动过程的燃油量进行自动控制，确保发动机最佳的过渡过程性能。

4. 确保发动机安全工作的需要

在实际飞行中，一般情况下发动机能稳定、安全地工作，但在特定的条件下（使用不当、恶劣气象条件、发动机故障等），发动机可能会出现诸如超温、喘振、熄火、超转等不正常情形。所以，在发动机燃油系统中，应有相应的安全保护装置，通过调节燃油量，确保发动机安全工作。

二、典型发动机燃油系统的基本组成及工作

下面以 CFM56-3 涡扇发动机为例，说明发动机燃油系统的基本组成及工作。

（一）基本组成

如图 5-2 所示，发动机燃油系统通常是从发动机燃油关断活门一直到燃油喷嘴为止。当发动机正常工作时，从油箱增压泵输送出的燃油，进入发动机燃油系统。经过的主要部件有发动机低压燃油泵，燃油-滑油热交换器，主油滤，高压燃油泵，燃油调节器，燃油喷嘴等。高压燃油泵出口燃油经燃油调节器计量后，多余的经回油油路到低压燃油泵出口。当发动机停车时，发动机燃油关断活门和 MFC 燃油关断活门关闭，切断到燃烧室燃油喷嘴的燃油。

（二）主要部件工作介绍

1. 油 泵

油泵的作用是给燃油加压，确保供油的可靠和燃油的雾化质量。发动机驱动的油泵有低压燃油泵和高压燃油泵两种。低压燃油泵为辅助油泵，其作用是将燃油加压后，可保证发动机高压油泵的工作效率，防止发生"汽穴"；同时，当油箱内的燃油增压泵失效时也可将油箱内的燃油抽出，确保供油的可靠。高压燃油泵为发动机的主油泵，如图 5-3 所示，其作用是加压燃油，确保发动机供油的可靠性和燃油的雾化质量。

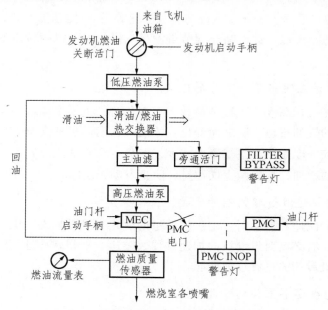

图 5-2　CFM56-3 燃油系统简图

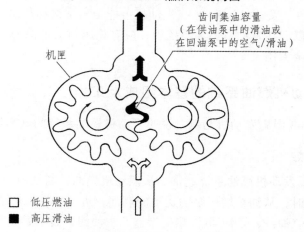

图 5-3　齿轮式高压油泵

　　高压油泵出口油压较高，油压升高一方面使燃油的雾化质量好转，但同时也使发动机高压燃油管路负荷增加，密封件容易变形、破裂，发生燃油泄漏，使发动机可靠性降低。所以，目前高涵道比涡扇发动机，一方面采用了高性能的燃油喷嘴，发动机油压得以大大降低，有效提高了燃油系统的可靠性；另一方面高压燃油管路接头都设计为双层结构，也可提高燃油系统的可靠性。

　　飞行使用中，可通过燃油流量表及有关信号，判断发动机油泵的工作是否正常。

　　2. 主油滤

　　燃油主油滤的作用是过滤燃油中的杂质，确保发动机工作安全、可靠。主燃油滤都有旁通活门，防止油滤堵塞时供油中断。若燃油中杂质较多，主燃油滤两端的燃油压差将增大。当压差超过一定值时，警告系统自动发出警告，如图 5-4 所示，提示机组燃油中杂质较多，燃油滤即将旁通。飞行中，此时应适当收小油门，若警告仍未解除，应选择就近机场着陆。机务人员将检查、更换主燃油滤，并对飞机燃油系统进行检查。

除发动机主燃油滤对燃油进行过滤外，燃油管路中的粗油滤和各燃油部件的进口油滤也可对燃油进行一般性过滤。

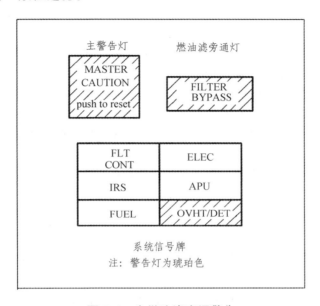

图 5-4　主燃油滤旁通警告

3. 燃油调节器

燃油调节器（以下简称燃调）是发动机燃油系统的核心，可根据飞行员的操纵指令、发动机参数和外界飞行条件的变化自动调节燃油量，实现对发动机的稳态控制、慢车控制、过渡控制、安全监控及防喘控制等，确保发动机的正常工作。CFM56-3 发动机燃调由主燃调（MEC）和推力管理控制器（PMC）组成，其中，MEC 为机械液压式，PMC 为模拟电子式。具体工作简介如下：

1）稳态控制

发动机的稳态控制主要由 MEC 来完成。由于高压压气机转速 N_2 可以较为完整地反映发动机的负荷和温度，所以 MEC 以 N_2 为目标调节参数。N_2 的给定值（也称基准值）由油门位置、风扇进口总温和风扇进口压力确定，当转速传感器感受的发动机实际 N_2 与给定 N_2 不同时，即输出一误差信号 e，通过 MEC 的液压放大机构改变燃油计量活门的开度，从而改变供油量，使发动机转速变化，最终使发动机实际的 N_2 值与指令值保持相同，如图 5-5 所示。

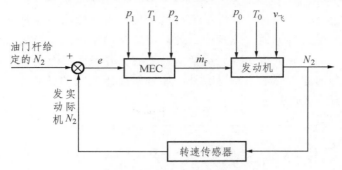

图 5-5 MEC 的工作简图

例如，当发动机 N_2 给定值不变，发动机受到外界扰动使 N_2 减小时，转速传感器感受到了转速的减小，此时实际的 N_2 小于给定值，产生一误差信号 e，使燃油计量活门开度增大，进入燃烧室的燃油量增加，发动机转速将增加，最终使发动机实际的 N_2 转速与 N_2 的给定值相等，从而保持发动机的稳定工作状态。

当飞行员改变了发动机油门位置，N_2 的给定值将随之变化。同样，MEC 可保持新的发动机稳定工作状态。

为了使发动机更主动适应外界飞行条件的变化，MEC 可自动感受发动机风扇进口的气体压力、温度和压气机出口气体压力的变化，自动调节供油量，从而改善发动机的动态品质。

由于高涵道比涡轮风扇发动机的推力主要由外涵风扇产生，所以风扇转子转速 N_1 将更能直接表征发动机推力。CFM56-3 发动机通过 PMC 实现对 N_1 的控制。PMC 为一模拟电子装置，它以 N_1 为目标调节参数。N_1 的给定值（也称基准值）由油门位置、风扇进口总温和风扇进口压力确定，PMC 通过感受发动机油门位置、实际 N_1 转速及风扇进口气体的压力和温度，在一定范围内对 MEC 计量的燃油量进行修正，最终使发动机实际的 N_1 值与给定值保持相同，如图 5-6 所示。

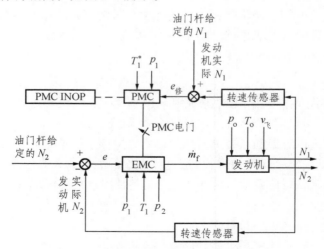

图 5-6 CFM-56 燃油调节工作简图

例如，发动机 N_1 给定值一定时，若因外界扰动使 N_1 转速增加，此时发动机实际 N_1 将大于 N_1 的给定值，PMC 将给出一信号使 MEC 计量的燃油量减小，使发动机 N_1 回落，最终使 N_1 保持不变。同时 PMC 还具有 N_1 转子超转保护功能。

由此可见，当 PMC 工作时，可对 MEC 进行超控，对发动机推力进行精确控制。但是，由于 PMC 仅能对 MEC 的燃油量进行修正，实现目标控制参数的转变。所以，它必须依赖 MEC 的工作，自身不能单独工作。飞行中，若 PMC 不工作警告灯亮时，说明 PMC 故障，此时应同时关断两台发动机的 PMC 电门，使 PMC 退出工作，防止两台发动机推力不平衡。当 PMC 不工作时，飞行员操纵油门一定要柔和，防止发动机 N_1 超转。

2）慢车控制

当发动机在空中工作时，为了确保发动机的引气量、防止发动机熄火及喘振，应防止发动机转速过低。此时，当油门收到最后时，MEC 将保持发动机的高慢车状态；当飞机主轮及地 4 s 后，发动机自动转换到低慢车状态，满足着陆滑行要求。飞行中，若发动机不能保持高慢车状态，LOW IDLE 警告灯将亮，如图 5-7 所示。此时飞行员应适当前推油门，使警告灯灭。

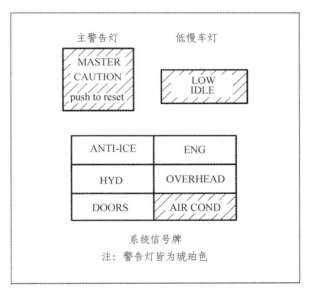

图 5-7　低慢车警告

3）过渡过程控制

发动机启动、加速或减速时，发动机通过感受转速 N_2、风扇进口压力、风扇进口温度、引气压力等参数，限制过渡过程供油量，确保发动机过渡过程安全、迅速。

4）安全保护

CFM56-3 发动机燃调中的安全保护主要有转速 N_1 限制；PMC 通过感受转速 N_1、风扇进口压力和温度，进而修正供油量，从而防止发动机超转 N_1。过贫油熄火限制：MEC 通过限制一定 N_2 转速下的最小供油量，实现发动机过贫油熄火限制。超温限制：MEC

通过限制一定 N_2 转速下的最大供油量，间接限制发动机超温。防喘控制：MEC 通过感受发动机 N_2 转速的变化，自动控制压气机放气活门和可调静子叶片的工作，从而防止压气机喘振。

此外，发动机燃调还控制发动机涡轮间隙，发动机引气的工作。

三、FADEC 发动机控制系统简介

早期的发动机燃油调节器均为机械式（如斯贝 MK-511）或机械-液压式（如 JT3D）。这种调节器工作稳定、便于实现，但调节的参数较少，控制精度也不高。后来在机械-液压式调节器基础上，增加了一模拟电子控制器，即发动机调节以机械-液压调节器为主，模拟电子调节器为辅（如 RB211-535E4，CFM56-3）。这种调节器发动机调节参数增加，控制精度得到一定提高，但调节参数有限，无法实现发动机的最优控制。

随着电子计算机技术的迅猛发展，计算机的数据处理速度、工作稳定性和可靠性大大提高，使之运用于发动机控制成为可能和现实。FADEC 即全权限数字电子控制（Full Authority Digital Electronic Control），是基于计算机的发动机控制系统，它通过传感器系统感受飞行员的操纵指令、发动机参数（如转速、温度、压力等）及外界参数等，并将所有信息转换成数字电信号传递给 FADEC 中央处理计算机进行综合和数据处理，然后计算机给出控制指令，经数模转换操纵各执行机构进而控制发动机。

CF6-80C2BF 涡扇发动机的 FADEC 控制系统如图 5-8 所示。

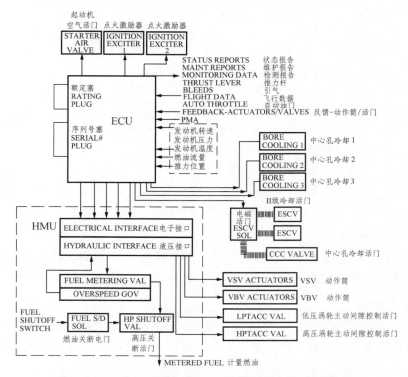

图 5-8 CF6-80C2BF 涡扇发动机的 FADEC 控制系统

FADEC 控制的参数较多，基本上不受限制，与其他的发动机燃油调节系统相比，主要具有以下特点：

1. 控制精度高

FADEC 感受的参数很多，FADEC 计算机可综合所有参数的信息而对发动机进行控制，所以控制更为精确。

2. 可实现发动机最优控制

由于 FADEC 实现了发动机控制的全数字电子化，可将现代控制理论应用于发动机控制，实现发动机的最优控制，大大提高了发动机的工作效率。

3. 发动机控制的自动化程度提高，减轻了飞行员的工作负荷

FADEC 计算机具有很强的信息综合和数据处理能力，可根据不同的飞行阶段自动精确设置发动机推力，同时发动机参数间的相关保护功能更强，可实现发动机的全程自动控制，简化了飞行员的操纵，减轻了飞行员的工作负荷。

4. 信息的传递更方便、快捷

FADEC 计算机可将数字化的信息直接与飞行管理计算机系统 FMS、自动油门系统 ATS、发动机指示和机组警告系统 EICAS 等系统相连，互相传递信息，实现了飞行、发动机控制的一体化。

5. 控制系统的可靠性主要取决于 FADEC 计算机的工作性能

FADEC 发动机控制系统的工作必须通过 FADEC 计算机实现，FADEC 计算机是控制系统的核心。一旦计算机有故障，将会出现发动机控制的混乱。所以，FADEC 计算机的工作性能直接影响 FADEC 工作的可靠性。目前使用的 FADEC 计算机系统都为双通道设计，包含两个微处理器及其接口，构成 A、B 控制通道。两个通道相互独立，同时工作，能独立完成所有系统功能，但只有一个通道的输出信号用于控制发动机（此通道为生效通道，另一个则为备用通道）。飞行中，若任一通道失效，则自动转换到另一通道，备用通道自动生效，从而确保了 FADEC 工作的可靠性。

除此以外，FADEC 系统取消了许多机械-液压部件，有效减轻了发动机质量；同时 FADEC 还实现了发动机维护和状态监控的计算机管理，使发动机的维护更简便、更科学。所以，FADEC 发动机控制系统在性能上的优越性是不容置疑的。

目前，FADEC 技术已日趋成熟和完善，已广泛应用于大型、重型民航机的发动机控制（如 CFM56-7，GE90 等）。FADEC 已经成为现代航空发动机控制系统的主流。

第二节　附件齿轮箱

附件部分或附件传动为飞机液压、气压和电气系统提供动力，而且为发动机有效工作提供各种泵和控制系统的动力，所以要求传动系统具有极高的可靠性。附件传动部分

的位置选择要保持发动机的流线型。

通常附件由发动机的旋转轴经过内部齿轮箱传向外部齿轮箱来驱动。外部齿轮箱或称附件传动齿轮箱上有各个附件的安装座，并根据转速要求分配相应的齿轮传动机构。附件传动齿轮箱上安装的起动机为发动机提供输入扭矩，从而带动发动机转子旋转。

内部齿轮箱处在发动机的核心部位，其位置安排有许多困难，既要让一根传动轴能径向外伸，又要在发动机核心里面取得可用空间。在多轴发动机上由哪个轴传动内部齿轮箱主要取决于发动机是否易于启动。实际上，高压压气机转动后才能使空气流过发动机，高压转子相对较轻。因此，选定起动机带动高压转子，高压压气机与内部齿轮箱相接。

径向传动轴的作用是将传动从内部齿轮箱传到外部齿轮箱。在不可能将径向传动轴与附件齿轮箱（Accessory Gearbox，AGB）连接的时候，就要使用中间齿轮箱或转换齿轮箱。通过伞齿轮将径向传动改变成通向附件齿轮箱的传动方向，如转换齿轮箱的输出经水平传动轴连到附件齿轮箱。JT8D 和 PW4000 发动机附件传动如图 5-9 所示。

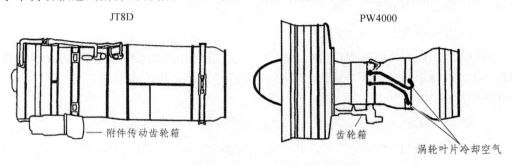

图 5-9　JT8D 和 PW4000 发动机附件传动

外部齿轮箱包括各附件的传动装置，为各个附件提供安装座。在它的前面和后面装有燃油泵、滑油泵、液压泵、整体传动交流发电机（IDG）、专用发电机、起动机以及孔探检查用的装置（见图 5-10）。附件装在附件齿轮箱上有 3 种途径：用螺栓连接或通过 V 形夹或快卸环（QAD）连到附件齿轮箱上。V 形夹和快卸环可以方便快速拆卸和安装附件。

在大发动机上附件齿轮箱装在核心发动机部位，这里高压压气机和发动机整流罩之间有足够的空间，同时又可以减少迎风面积和动力装置的高度。有的机型上有两个附件齿轮箱，一个称为高速齿轮箱连到高压压气机转子，所有发动机附件如起动机、滑油泵、燃油泵和燃油控制组件装在这个齿轮箱；另一个称为低速齿轮箱，连到低压压气机转子，所有飞机附件装在这个齿轮箱。两个齿轮箱改善发动机启动能力，这种安排的缺点是增加质量，不常使用。

各齿轮箱的轴承、齿轮需要滑油润滑。附件驱动系统的封严主要在于防止滑油流失。内部齿轮箱在静止的机匣与旋转的压气机轴的配合处用篦齿式封严。外部齿轮箱的某些附件采用增压的篦齿式封严，这是考虑万一某个附件损坏时，防止滑油从齿轮箱进入附件。齿轮箱轴和机匣的封严也使用碳封严。

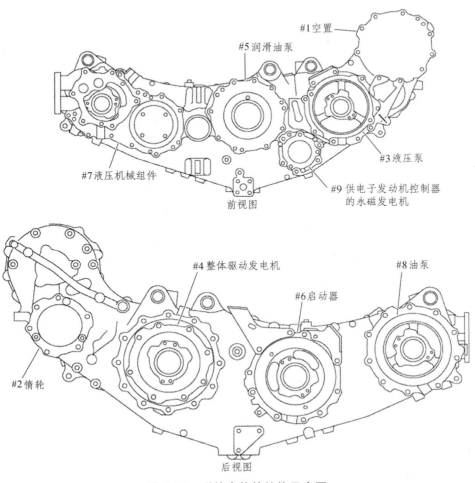

图 5-10　附件齿轮箱结构示意图

第三节　滑油系统和防火系统

一、滑油系统

发动机滑油系统的功用是提供清洁的、压力和温度适宜的滑油循环不断地送到发动机各机件摩擦面，起到润滑、散热和防锈蚀作用，确保发动机的使用寿命及安全、稳定工作。对采用滑油-燃油热交换器的发动机，滑油的热量还能对燃油加温，以改善燃油系统的高空性能。此外，涡桨发动机滑油系统还可参与螺旋桨变距和扭矩的测量。

（一）滑油系统的组成及工作

下面以 V2500-A5 涡扇发动机为例，说明发动机滑油系统的基本组成及工作。

如图 5-11 所示，发动机工作时，滑油箱内的滑油经发动机滑油进油泵抽出并加压，首先经滑油主进油油滤过滤（主进油油滤上有一释压活门，当油压过高时回油），然后进入空气/滑油热交换器和燃油/滑油热交换器降低滑油温度，适宜压力和温度的滑油进入发动机前、后轴承腔和附件齿轮箱润滑相应部件，滑油回到各自收油池后经滑油回油泵抽回，在回油管路上经一主回油油滤过滤，最后回到滑油箱。

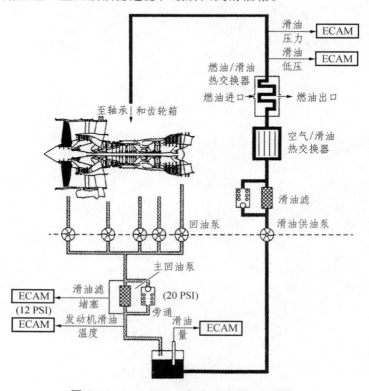

图 5-11　V2500-A5 发动机滑油系统简图

滑油箱、附件齿轮箱和前、后轴承腔内的滑油蒸汽经油气分离后与大气相通，防止滑油蒸汽过多，影响润滑效率。

1. 滑油箱

滑油箱是储存滑油的部件，滑油箱内的滑油量通过滑油油量表指示。滑油箱上还有加油和放油装置、油量测量装置、通气装置等。

2. 滑油泵

滑油泵分进油泵和回油泵两种，由发动机 N_2 转子驱动。进油泵的作用是将滑油加压，确保供油的可靠；回油泵的作用是将润滑后收油池内的滑油抽回，送到滑油箱。

3. 滑油滤

滑油滤分主进油油滤和主回油油滤两种，作用是过滤滑油中的金属屑等杂质，确保润滑质量。主滑油滤都有防止滑油堵塞的旁通活门，当滑油中杂质较多，主滑油滤两端的滑油压差增大。当压差超过一定值时，旁通活门开，滑油不再过滤。

4. 滑油-燃油热交换器

滑油-燃油热交换器的作用是通过进入发动机的燃油对回油的滑油实施冷却，确保滑油温度在正常工作范围，同时对燃油进行加温，提高燃油温度，防止燃油结冰并有助于改善燃油的雾化、汽化质量。有的发动机（如 V2500-A5）滑油散热器还通过空气/滑油热交换器利用外界空气降低滑油温度。

（二）滑油系统的监控

发动机工作时，滑油系统有 FADEC 系统自动提供监控。飞行中，机组可通过监控滑油压力、滑油温度、滑油量以及相应的信号来进一步判断滑油系统工作是否正常及发动机是否故障，并按《飞行手册》规定的程序进行处置，确保飞行安全。

1. 滑油压力

发动机滑油压力通常测量发动机滑油泵出口的压力，来描述进入发动机滑油系统的滑油量大小。为确保润滑质量，滑油压力应适宜。若滑油压力过大，滑油系统的负荷增加，容易出现滑油泄漏，使系统工作的可靠性降低；若滑油压力过低，进入润滑系统的滑油量过少，不能确保发动机的润滑质量。所以，适当的滑油压力是确保滑油系统正常工作的必要条件。

飞机的《飞行手册》中都对滑油压力的正常工作范围作了明确的规定。发动机正常的滑油压力为"绿区"工作范围（有的发动机，如 GE90 发动机工作参数在正常范围时，EICAS指示为白色显示），"黄区"为警戒范围，"红区"为禁止进入的范围，如图 5-12 所示。

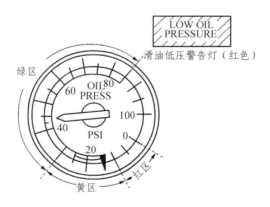

图 5-12　滑油压力指示

正常飞行中，滑油压力必须在"绿区"范围，并且滑油压力值随着发动机 N_2 转速的增加而上升；只有当发动机在慢车状态工作时，才允许滑油压力在"黄区"范围；飞行中，若滑油系统泄漏、滑油泵及释压装置有故障、发动机严重磨损等都会引起发动机滑油压力不正常，当滑油压力在"红区"范围时（其中当滑油压力过低时，警告系统将发出警告），机组应检查滑油系统的其他参数，若其他参数显示发动机故障，应立即执行发动机停车程序，防止发动机进一步损坏。

2. 滑油温度

发动机滑油温度通常是测量滑油的回油温度，当发动机机件的润滑质量不好，磨损严重，滑油的回油温度势必升高，所以发动机回油滑油温度值可以较为直接地反映发动机实际的润滑情形。

有的发动机滑油温度是测量滑油进油温度，此时保持一定的滑油温度值，是确保发动机润滑质量（决定滑油的黏性）的必要条件，发动机滑油散热器的工作以及滑油回油温度等都会影响滑油温度的高低。

与滑油压力一样，飞机对滑油温度的正常工作范围有明确的规定。发动机正常的滑油温度为"绿区"工作范围（有的发动机，如 GE90 发动机工作参数在正常范围时，EICAS 指示为白色显示），"黄区"为警戒范围，"红区"为禁止进入的范围，如图 5-13 所示。正常飞行中，滑油温度必须在"绿区"范围；当滑油温度在"黄区"范围时，机组应适当收小发动机油门，此时发动机最长工作时间为 15 min；飞行中当滑油温度进入"红区"范围时，机组应及时检查滑油系统的其他参数，若其他参数显示发动机故障，应立即执行发动机停车程序，防止发动机进一步损坏。

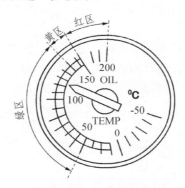

图 5-13 滑油温度指示

目前，由于涡轮风扇发动机采用的滑油品质较好，在较宽的滑油温度范围内可以确保机件润滑质量。所以，在启动发动机时一般不需要对发动机进行加温，只有在极其寒冷的地区（一般为 – 40 °C 以下时），启动发动机前才需要对发动机进行加温。

冷启动后，不允许立即前推油门，应当使发动机在慢车状态运行一段时间（即暖机），使发动机滑油温度上升到一定值时，才允许发动机在大功率状态工作。目的是：① 只有当滑油温度达到一定的值时，才能确保发动机的润滑质量，防止发动机磨损；② 使涡轮等热端部件温度逐渐升高、分布均匀，防止内部温差过大，产生热应力，从而延长发动机的使用寿命；③ 使涡轮叶片充分膨胀、叶片伸长，使起飞状态下的涡轮间隙减小，涡轮效率提高，涡轮功率增加，发动机起飞状态下的涡轮前温度可降低，从而防止起飞时发动机超温，确保涡轮的安全工作。

图 5-14 描述了 CFM56-3 发动机暖机时间对 EGT 余度的影响。由图可见，当暖机时间低于 10 min，EGT 无余度；当暖机时间超过 16 min，可获得 20 °C 的 EGT 余度。

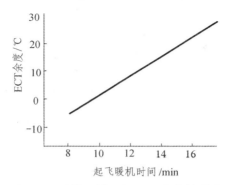

图 5-14　暖机时间对 EGT 余度的影响

飞行结束后，发动机停车前，也应当使发动机在慢车状态运行一段时间（冷机），使发动机滑油温度下降到一定值后，才允许将发动机停车（尤其在夏季）。目的是一方面防止热滑油大量流走，使轴承腔内剩余的滑油量太少，引起下次启动时发动机的磨损加剧；另一方面是使涡轮等热端部件温度逐渐降低、分布均匀，防止内部温差过大，产生热应力，从而延长发动机的使用寿命。

在目前大、重型民航机的实际航线飞行中，为了充分延长发动机的使用寿命，一般说来不允许机组在发动机启动后进行试车。所以在发动机启动后到飞机滑行到机场的起飞位置（一般为 8 ~ 10 min），发动机一直处在慢车状态附近，实际上已达到了暖机的目的；当飞机着陆后在滑行道滑行到实施发动机停车时，发动机一直处在慢车状态附近，实际上已达到了冷机的目的。所以，大、重型民航机对发动机的暖、冷机没有明确的规定（在高温、高原机场，为了防止发动机超温，建议延长暖机时间）。但有的发动机（主要为前苏制发动机）却对发动机暖、冷机有明确的规定（时间和滑油温度值）。

3. 金属屑探测

当发动机存在磨损时，滑油回油中存在金属屑，通过感受回油路中的主滑油滤两端的压差可以探测出滑油中的金属屑（此时通常伴随滑油回油温度升高），当压差达到一定值时，警告系统将发出油滤堵塞警告，说明滑油中存在较多的金属屑，发动机磨损严重。飞行中，此时应后收油门，若警告信息仍未消除，机组应执行发动机停车程序。

在发动机滑油回油管路中还有一些磁性堵头，可以吸附一些金属屑。飞行后，维护人员通过检查这些磁性堵头，可以检测发动机是否存在磨损以及磨损的大致部位。

4. 滑油量

由于燃气涡轮发动机的滑油系统主要是润滑发动机转子轴承，所以滑油的消耗很少。飞行中若滑油箱内的滑油量突然减小或飞行后滑油消耗量突然增加，都是发动机滑油系统故障（泄漏或存在磨损）的征兆，维护人员将对系统进行检查。

燃气涡轮发动机的滑油系统工作是否良好，直接关系到发动机的使用寿命。所以，在飞行中机组应加强对滑油系统的监控（交叉检查相应的系统参数）。当出现异常情形时，及时按《飞行手册》中规定的程序进行处理，以确保飞行安全。

二、防火系统

飞行中，当发动机出现严重故障（机件严重磨损，燃油泄漏，电气着火等）时，发动机可能出现过热和火警情形，若不加以控制，不仅发动机将严重损坏，还直接危及飞行安全。发动机防火系统的作用是对发动机的过热和火警情形进行监控，并可对发动机实施灭火，确保飞行安全。

1. 防火系统的基本组成及工作

CFM56-7B 涡扇发动机防火系统控制面板如图 5-15 所示。防火系统由探测系统、警告系统和灭火装置组成。

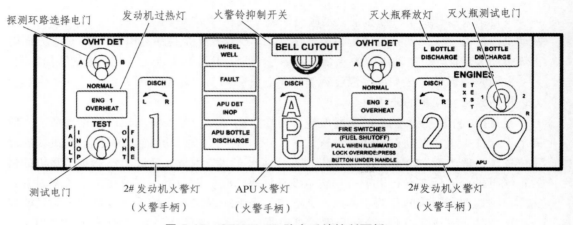

图 5-15　CFM56-7B 防火系统控制面板

当温度超过一定值时，探测系统通过热电偶探测发动机的温度（风扇和燃烧室外壳处），发出相应的信号。

当温度超过一定值（400 ℃以上）时，警告系统根据探测的发动机温度信号，发出发动机过热警告，如图 5-16 所示。当温度超过一定值（600 ℃以上）时，发出发动

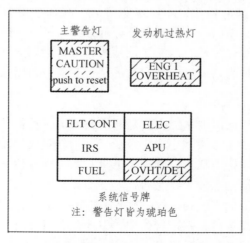

图 5-16　发动机过热警告（以左发动机为例）

机火警警告，如图 5-17 所示。发动机过热警告为主警告灯亮、过热信号牌亮、发动机过热灯亮。发动机火警警告除同样有过热警告外，还有主火警灯亮、发动机火警灯亮、火警铃响。

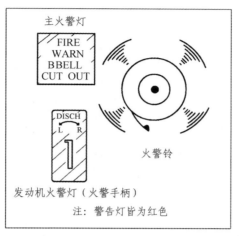

图 5-17　发动机火警警告（以左发动机为例）

灭火装置是通过飞行员操纵发动机灭火手柄，对发动机进行灭火停车保护和实施灭火。当上提发动机灭火手柄时（发动机出现过热或火警警告时，灭火手柄开锁），对发动机进行灭火停车保护。此时发动机将断油停车，进入发动机的所有油路、气路、电路被切断，发动机灭火瓶工作预位等；当左或右转发动机灭火手柄时，氟利昂灭火剂将喷出（喷向内涵的外壳），对发动机实施灭火，同时灭火瓶释放灯 BOTTLE DISCHARGE 亮。灭火装置的工作如图 5-18 所示。

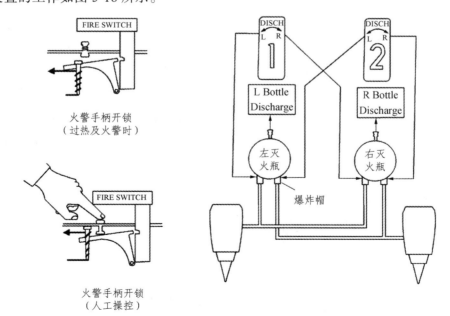

图 5-18　灭火装置的工作

2. 发动机防火系统使用注意事项

（1）在启动发动机前，必须对防火系统进行测试，确认系统正常。

（2）及时抑制发动机火警警告。

当发动机出现火警警告时，主火警灯亮、火警铃响，此时应按压主火警灯或火警铃抑制开关，使主火警灯熄火、抑制火警铃。否则，将严重干扰机组的判断和操纵。

（3）正确处置发动机的过热和火警警告。

当发动机仅出现过热警告时，在确认哪台发动机故障的基础上，机组首先后收该发油门。若过热警告消除，发动机可继续使用，否则，实施灭火程序；当发动机出现火警警告时，上提该发灭火手柄，发动机进行灭火停车保护；若该发动机的火警和过热信号都消除，无需释放灭火剂。否则，继续转动灭火手柄（左转或右转），释放灭火剂，实施灭火程序。同时与地面联系，选择就近机场着陆。

例如，1989 年 1 月 8 日，国外某航空公司一架 B737-400 飞机，从伦敦希斯罗机场起飞，当飞机爬升到 28 300 ft 高度时，机组发现飞机强烈振动并闻到烟味（但驾驶舱没有任何警告）。机组在没有弄清是哪台发动机失效的情况下，对右发动机实施失效停车程序（实际上是左发动机失火，客舱内部分乘务员和旅客看到了从左发动机冒出的火花）。当机长通过机上广播系统宣布飞机右发动机故障准备备降东米德兰兹机场时，没有人将这个明显的错误告诉给驾驶舱机组。20 min 后，飞机在距备降机场 2.4 mile（离地高度仅 900 ft）处，左发动机自动停车，飞机失去动力，但机组已没有足够的高度和时间空中启动右发动机。最后，飞机迫降在距离跑道头 3 000 ft 处，飞机解体，造成 47 名旅客死亡。

（4）对已实施灭火的发动机严禁空中启动。

第四节 防冰系统

一、发动机积冰的危害

飞行中，在一定的大气条件下，发动机进气道前缘、进气整流锥等部位可能积冰。发动机积冰后，一方面使空气流量减小，发动机推力降低；另一方面引起进气道气流分离加剧，进而影响压气机工作的稳定性。发动机严重积冰时，发动机振动将加剧，压气机容易喘振；此外，当冰层脱落时，将直接被发动机吸入，损坏风扇叶片和压气机叶片，发动机也容易熄火。对涡桨发动机而言，当螺旋桨积冰时，螺旋桨效率将急剧降低，拉力减小，螺旋桨振动加剧。所以，燃气涡轮动力装置对发动机容易积冰的部位应有相应的防冰装置，防止发动机积冰，确保发动机的性能及安全工作。

二、发动机防冰的类型

常见的发动机防冰方式有：热空气防冰、电加温防冰和惯性防冰，如图 5-19 所示。热空气防冰是通过从压气机引来的热空气送到相应发动机防冰部位进行加温，这种防冰方式加热可靠、防冰面积大，广泛应用在涡轮风扇发动机上；电加温防冰是利用飞机电源对安装在发动机防冰部位的电加热元件通电加温，常用在涡桨和涡轴发动机上；惯性防冰是通过改变气流流动方向，利用离心力将气流中的冰块、水分、外来物等分离出，防止进入发动机，达到防冰的目的，这种防冰方式无需消耗能量，但气流损失较大，常用在中、小功率的涡桨和涡轴发动机上。

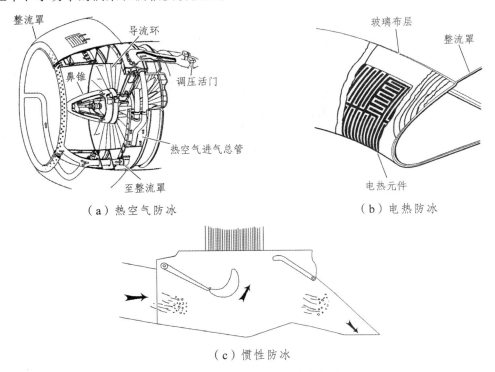

（a）热空气防冰　　　　　　　　　　　（b）电热防冰

（c）惯性防冰

图 5-19　常见的发动机防冰方式

有的涡扇发动机（如 RB211535-E4）进气整流锥头部安装一特制的橡皮头，如图 5-20 所示。当发动机工作时，因橡皮头自身不断微振，空气中的过冷水滴不易在橡皮头上凝结成冰；同时由于橡皮头位于发动机整流锥最容易积冰处，从而达到了防止整流锥积冰的目的。

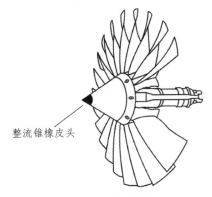

整流锥橡皮头

图 5-20　整流锥防冰

三、典型发动机防冰系统的组成及工作

下面我们以 CFM56-7B 涡扇发动机为例说明发动机防冰系统的组成和工作，如图 5-21 所示。

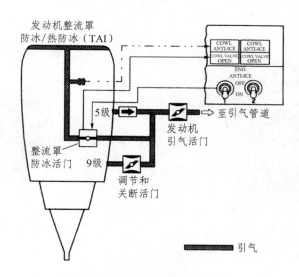

发动机整流罩
防冰/热防冰（TAI）

COWL ANTI-ICE COWL VALVE OPEN | COWL ANTI-ICE COWL VALVE OPEN
ENG ANTI-ICE OFF ON

5级　　→　　→　至引气管道
发动机引气活门

整流罩防冰活门　9级
调节和关断活门

▬▬▬ 引气

图 5-21　CFM56-7B 防冰系统

当接通发动机防冰电门，发动机防冰控制活门开（活门灯由明亮转为暗亮），压气机高压第 5、9 级引气进入发动机进气道整流罩内的加温管，并从加温管上的许多小孔流出，对发动机整流罩实施加温，达到整流罩防冰目的。

四、发动机防冰的使用

由于发动机积冰将严重威胁发动机的安全工作，而且在一定的飞行条件下，如果机组未接通发动机防冰装置，发动机积冰的速度将很快。所以，机组必须明确发动机防冰的使用条件，在飞机进入结冰区前，必须及时接通发动机防冰装置，防止发动机积冰。

1. 使用条件

当发动机在地面工作时（特别是大功率状态），外界空气被发动机吸入，随着气体的流速增加，压力、温度降低。所以，即使外界大气温度在冰点以上，发动机进口处温度可能低于冰点，发动机可能积冰。所以，当发动机在地面工作时，当外界大气温度低于一定的值（CFM56-7B 发动机规定为 10 ℃）且空气中存在可见水汽时，应接通发动机防冰系统。

当发动机在空中工作，空气中存在可见水汽以及外界大气总温（TAT）低于一定的值（CFM56-7B 发动机规定为 10 ℃）时，必须接通发动机防冰系统；若飞机预计将飞越严重积冰区时，也必须接通发动机防冰系统。

2. 使用注意事项

（1）必须在发动机积冰前使用。

显然，发动机防冰装置是用来防止发动机积冰的，所以机组必须明确发动机防冰的使用条件，必须在发动机积冰前及时使用（有的发动机，如 GE90，当发动机防冰电门置"AUTO"位时，发动机可自动探测外界气象条件，自动启动和关闭发动机防冰系统）。飞行中，若发动机已积冰（发动机振动将加剧、推力将降低）。使用防冰装置来除冰时，不能同时接通所有发动机的防冰电门（防止发动机熄火），应依次打开。同时空中对发动机实施了除冰程序后，可能对发动机造成损伤，飞行后需对发动机进气装置和风扇叶片进行检查。

（2）接通发动机防冰系统后，机组必须确认防冰系统工作状态是否正常。

检查发动机防冰控制活门是否完全打开（活门灯暗亮），确保发动机防冰的可靠性。

（3）发动机防冰（或除冰）时，应加强发动机点火，防止发动机熄火。

在接通发动机防冰电门前，应首先接通发动机点火电门，防止发动机熄火，当防冰装置已工作，发动机保持稳定工作后，再关断发动机点火电门（飞越严重结冰区时，点火电门一直打开）。

（4）发动机防冰装置工作时，发动机推力将减小，EGT 温度将升高。

当发动机防冰装置工作时，部分高压空气从压气机引出，没有冲击涡轮对发动机做功，所以发动机转速将下降，推力将减小。此时，发动机燃油调节器将自动工作，增加燃烧室供油量，使涡轮前温度增加，涡轮功率增加，从而保持发动机转速不变。所以，当发动机防冰装置工作时，发动机推力将减小，EGT 温度将升高。此时相当于发动机的防喘放气活门打开，所以同时也可改善压气机工作的稳定性。

（5）当发动机防冰装置工作时，应确保气源充足，防冰可靠。

当飞机下降时，发动机油门较小，而此时通常为发动机最易积冰的飞行阶段。所以，在使用发动机防冰装置时，为了确保发动机防冰的气源可靠、充足，同时防止发动机熄火，发动机油门不能过小，尤其是在严重结冰区飞行时。

【本章小结】

发动机燃油系统的功用是根据飞行员的指令和飞行条件，将清洁的、无蒸汽的计量燃油分配给各燃油喷嘴喷出，确保发动机安全、可靠地工作。对发动机燃油进行调节的目的是：① 保持发动机的稳定工作状态；② 使发动机适应飞行条件的变化；③ 确保发动机的过渡过程性能；④ 确保发动机的安全工作。

典型民航机发动机燃油系统主要由低压燃油泵、燃油-滑油热交换器、高压燃油泵、主油滤、燃油调节器和燃油喷嘴等组成。系统的核心是燃油调节器，它可根据飞行员的操纵指令、发动机参数和外界飞行条件的变化自动调节燃油量，实现对发动机的控制。

FADEC 是基于计算机的全权限数字电子发动机控制系统。与其他发动机燃油调节系统比较具有这些特点：① 控制精度高；② 可实现发动机最优控制；③ 控制的自动化程度提高，减轻飞行员的工作负荷；④ 便于信息的传递；⑤ 控制系统的可靠性主要取决于 FADEC 计算机的工作性能。

发动机滑油系统的功能是把清洁的、压力和温度适宜的滑油循环不断地送到发动机各机件摩擦面，起到润滑、散热和防锈蚀作用，确保发动机的使用寿命及安全、稳定地工作。主要由滑油箱、滑油泵、滑油滤和滑油-燃油热交换器组成。

滑油压力通常为系统进油滑油压力。滑油压力过高或过低都会使润滑质量降低，对发动机造成不利影响。飞行中，应保持滑油压力在正常允许的范围。

滑油温度有的发动机为回油滑油温度，有的为进油滑油温度。飞行中，保持发动机滑油温度在正常允许范围对确保发动机润滑质量具有重要意义。

飞行中，机组应注意监控发动机滑油系统参数及信号指示是否正常。出现不正常情形时，应交叉检查、确认发动机是否有故障，并按《飞行手册》程序要求及时处置，确保飞行安全。

发动机防火系统的作用是对发动机过热和火警情形进行监控，并可对发动机实施灭火，确保飞行安全。防火系统一般由探测系统、警告系统和灭火装置组成。

发动机防火系统使用注意事项有：① 启动发动机前必须通过系统测试；② 及时抑制发动机火警警告；③ 正确处置发动机过热和火警情形；④ 对已实施灭火的发动机严禁空中启动。

发动机防冰系统的功用是防止发动机积冰，确保发动机的性能及安全工作。发动机积冰将使发动机性能变差，严重时还会损坏发动机，危及发动机的安全工作。

常见的发动机防冰方式有：热空气防冰、电加温防冰和惯性防冰。在大型民航机上应用最广泛的是热空气防冰。

飞行员应明确发动机防冰装置的使用条件，必须确保在发动机积冰前使用。同时熟悉使用的注意事项。

复习思考题

1. 简述发动机燃油调节的必要性。
2. 发动机燃油调节器的功用是什么？
3. FADEC 发动机控制系统有哪些特点？
4. 简述发动机暖机的目的。
5. 发动机防火系统使用注意事项有哪些？
6. 发动机积冰的危害是什么？
7. 简述发动机防冰的使用条件及注意事项。

第六章　发动机启动

发动机启动是指发动机从静止状态加速到慢车状态的过程。常见的启动方式有地面启动、冷转和空中启动。本章将介绍发动机的起动系统，民航机典型发动机的地面启动以及发动机冷转和空中启动，为今后从事航线运输飞行打下必要的理论基础。

第一节　起动系统

发动机启动是通过起动系统来完成的，其工作的可靠性直接影响到航班的正常率和飞行安全。民航机对发动机起动系统的基本要求有：启动迅速、平稳、可靠；发动机不喘振、不超温、不熄火；对地面设备的依赖小、对旅客的干扰小。

一、发动机启动的 3 个阶段

燃气涡轮发动机的启动过程根据发动机转子的加速情况可分为 3 个阶段，如图 6-1 所示。

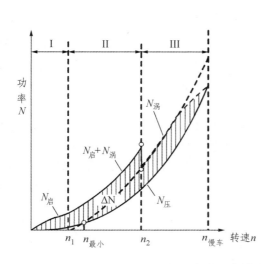
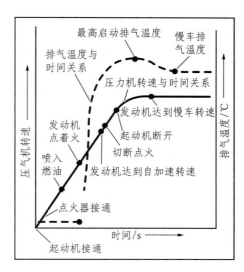

图 6-1　发动机启动的 3 个阶段和启动过程

第一阶段：是指从起动机带动发动机转子转动到涡轮开始发出功率为止。

此阶段发动机转子（双转子发动机为高压转子）单独由起动机带动，发动机剩余功率（$\Delta N = N_启 - N_压$）逐渐增加，随着发动机转子的转动，发动机的转动部件得以润滑，同时随着电嘴跳火、发动机供油，燃烧室内开始形成点火源。

第二阶段：是指从涡轮发出功率到起动机退出工作时为止。

此阶段发动机转子由起动机和涡轮共同带动，随着涡轮温度迅速增加，发动机剩余功率（$\Delta N = N_启 + N_涡 - N_压$）较大，发动机转子加速较快，是发动机启动过程加速最迅速的阶段。

第三阶段：是指从起动机退出工作到发动机稳定在慢车状态时为止。

此阶段发动机转子由涡轮单独带动，发动机自行加速，剩余功率（$\Delta N = N_涡 - N_压$）逐渐减小到零，发动机最终稳定在慢车状态。

由此可见，启动加速过程时间的长短取决于剩余功率的大小。剩余功率越大，转子的加速度越大，加速时间越短。同时通过分析发动机转子的加速过程，可以发现起动机退出工作的时机，对发动机启动的成功与否具有决定性影响。当起动机退出工作过早时，由于发动机转速较低，涡轮发出的功率不高，发动机剩余功率不大，如果出现一些扰动（如顺风引起排气不畅，使涡轮落压比减小）使涡轮功率减小，发动机剩余功率可能为零或出现负的剩余功率，从而使发动机转子加速滞缓、悬挂或减速，引起发动机启动失败。所以存在使发动机自行加速的最小转速，即自持转速。起动机退出工作时，转速应比发动机自持转速稍高些。

二、起动系统的组成及工作

起动系统主要由以下部件组成：起动机、点火装置、启动供油装置、启动程序机构、启动电门和启动手柄等。下面介绍其主要部件的工作。

1. 起动机

起动机的作用是通过外部动力带动发动机转子转动。目前常用的起动机类型有电动起动机、空气起动机、燃气涡轮起动机等。电动起动机如图 6-2 所示，是利用电瓶电源带动直流电动机转动，从而输出扭矩。由于输出功率有限，电动起动机一般用于涡桨、涡轴和 APU 等小功率的发动机上。

空气起动机如图 6-3 所示，是利用气源提供的压缩空气冲击空气涡轮，从而输出扭矩。空气起动机的气源可以来自 APU、地面气源车和已启动的发动机压气机引气。由于质量较轻、结构简单、使用经济、可靠性好，空气起动机广泛用在大、重型民航机上。

燃气涡轮起动机如图 6-4 所示，是利用自身的小型燃气涡轮发动机涡轮直接输出扭矩。这种起动机输出的功率大，启动迅速，在某些涡喷和涡桨发动机上采用。

起动机位于发动机附件齿轮箱上，当外部动力作用于起动机时，起动机转动，起动机的离合装置工作，使起动机与发动机转子相连，从而带动发动机转子转动；当发动机加速到一定值时，起动机的外部动力卸载，起动机的离合装置使起动机与发动机转子脱开，起动机退出工作（有些电动起动机，当发动机稳定在慢车状态后，可作为直流发动机来使用）。

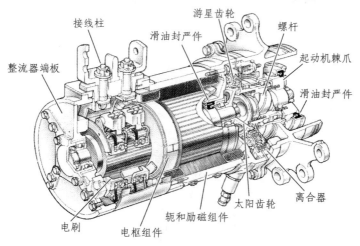

图 6-2　电动起动机

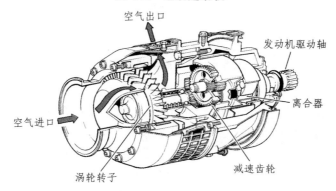

图 6-3　空气起动机

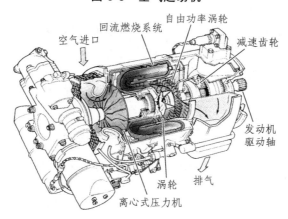

图 6-4　燃气涡轮起动机

　　起动机功率大小对发动机的启动性能具有重要影响。起动机功率越大，启动剩余功率越大，启动加速时间越短。但是，使用中的起动机功率主要受到外部动力大小的限制。对空气起动机而言，起动机功率主要由提供的气源压力决定，如图 6-5 所示。所以，发动机启动前必须检查气源压力，使其满足《飞行手册》中规定的最低要求，从而确保发动机启动时起动机发出足够的功率。

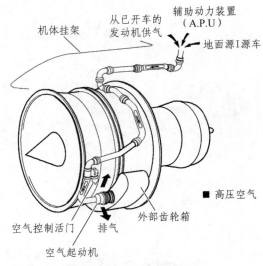

图 6-5　空气起动机的气源

2．点火装置

点火装置的作用是在发动机启动时提供高能点火，使混合气着火；同时也可在飞机起飞、进近着陆、发动机防/除冰以及复杂气象条件下提供再点火，防止发动机熄火。

燃气涡轮发动机的点火装置都为双点火，即每台发动机有两套独立的点火系统，两个点火器位于燃烧室内不同位置，目的是确保发动机点火的可靠。

飞机提供的电源向点火装置中的储能电容器充电，当电容器能量储存到一定值时，自动释放出电能，点火器跳火，点燃混合气。

点火器正常的跳火率为 1~2 次/秒，点火能量可高达 16~20 J。由于每一次放电将造成点火器电极腐蚀，所以为了确保点火器的使用寿命及工作可靠性，飞行使用中点火器不能长时间工作，同时需要定期更换点火器。

发动机启动时，影响混合气着火的因素主要是点火能量、混合气的余气系数以及气体初温、初压（影响燃油的雾化和汽化）。

3．启动供油装置

启动供油装置的作用是控制启动供油量，确保发动机启动过程不超温、不喘振、不熄火。启动供油装置通常为发动机燃油调节器的组成部分。发动机启动时，提供给发动机一初始燃油量（通常较为富油，便于混合气着火）。随着转速的增加，通过感受发动机转速和压气机出口压力（反映空气流量）的变化，自动控制燃油流量，从而给出启动加速程序，确保发动机启动迅速、安全。

4．启动程序机构

启动程序机构的作用是在发动机启动过程中协调起动机、点火装置和启动供油装置的工作，使启动过程平稳、有序、可靠。启动程序机构一般通过时间和转速来进行程序控制。

目前，一些大、重型民航机，如 A320/330/340、B777 等发动机起动系统由 FADEC 自动控制起动机、点火装置、启动供油等组成，可实现发动机自动启动。

CFM56-7B 涡扇发动机的起动系统如图 6-6 所示。B373-600/700/800 飞机有关发动机的控制和显示见图 6-7（参见波音公司，B373-600/700/800 飞行手册）。

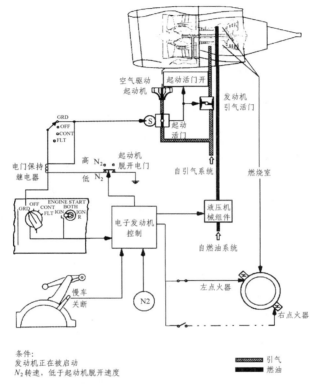

图 6-6　CFM56-7B 起动系统

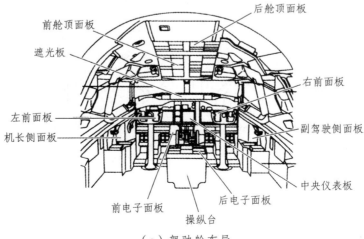

（a）驾驶舱布局

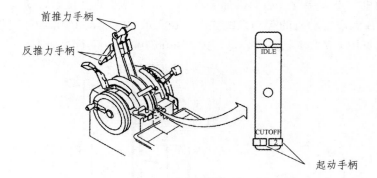

（b）操纵台

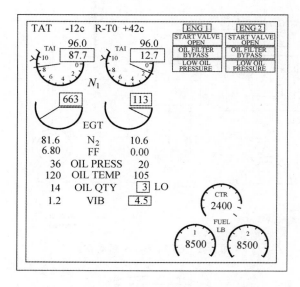

（c）中央仪表板（发动机参数集中显示）

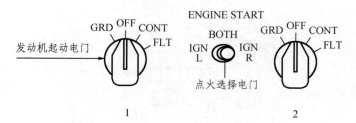

（d）前顶板

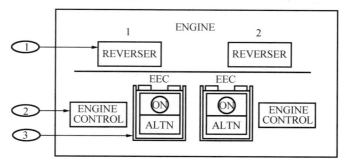

（e）后顶板

图 6-7 B373-600/700/800 飞机有关发动机的控制与显示

1—反推装置指示灯；2—发动机控制指示灯；3—电子发动机控制（EEC）电门

第二节 典型发动机的地面启动

实际飞行中发动机启动时，机组必须按照飞机《飞行手册》规定的飞行程序要求进行工作，并通过各阶段的检查单进行核实。机组在完成飞行前检查项目，驾驶舱安全检查和准备工作后，再实施发动机启动程序。下面我们以 B737-600/700/800 飞机为例，说明 CFM56-7B 发动机的地面启动（参见波音公司，B373-600/700/800 飞行手册）。

一、启动前的准备

1. 发动机外部检查

发动机的外部检查是飞机飞行前检查项目的一部分，有关发动机的检查内容有：发动机进气道有无异物，风扇叶片有无裂纹，发动机有无任何渗油痕迹，发动机喷管内有无异物，发动机前方区域是否清洁等。启动发动机前必须确保地面危险区域内（见图 6-8）无地面人员，以防止发动机工作时巨大的进气吸气和喷气冲力对地面人员和发动机造成伤害，如图 6-9 所示。

需要说明的是，顺风过大时不要启动发动机，否则发动机启动时容易喘振。

2. 驾驶舱准备

机长和副驾驶根据各自的责任区域完成《飞行手册》规定的所有驾驶舱准备项目，完成好飞机各系统的测试及状态设置，完成好飞机的导航、通信参数设置。其中，有关发动机的主要有火警测试，启动 APU（一般在发动机启动前 30 min），油门置最后（慢车位），发动机起动手柄置下卡位（停车位）。

在机组收到地面塔台离场许可后，完成发动机启动前项目，检查气源压力（在海平面最低为 30 PSI，机场标高每上升 1 000 ft，相应减小 0.5 PSI），打开飞机防撞灯电门，提醒地面人员和塔台准备启动发动机，最后完成发动机启动前检查单内容。

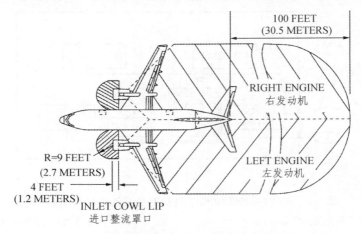

图 6-8　地面危险区域（地面慢车状态）

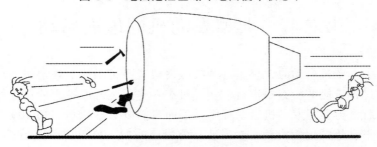

图 6-9　地面危险区域

二、启动过程

　　由于发动机启动过程时间短（一般不超过 1 min），机组需监控的参数多，一旦出现异常，若机组处置不当或不及时，将严重损坏发动机。所以，在发动机启动过程中，机组应集中精力，在启动的不同阶段正确调整注意力的分配，从而确保不正常启动时，机组能及时正确处置。

　　在一切准备就绪后，机长发启动指令（一般先启动右发动机；当由地面气源启动时，则先启动左发动机），同时将相应发动机的启动电门置"GRD"位并计时。此时起动机活门开（相应 $\boxed{\text{START VALVE OPEN}}$ 灯亮），起动机转动并带动发动机 N_2 转子转动，机组核实 N_2 增加。当 N_2 上升到 25% 时，机组核实 N_1 开始指示并上提相应发动机起动手柄到"IDLE"卡位，此时发动机点火装置工作，燃油关断活门开，发动机开始向燃烧室供油，随即发动机爆发，出现 EGT 温度，涡轮发出功率，机组核实燃油流量和 EGT 的指示。当 N_2 上升到 56% 时，发动机起动电门将自动从"GRD"位跳到"OFF"位（有"啪"的声响），若未跳到"OFF"位，须人工扳到"OFF"位。此时起动活门关（相应 $\boxed{\text{START VALVE OPEN}}$ 灯灭），起动机脱开，起动机和点火装置退出工作，机组核实起动机确已脱开（通过管道压力表和 $\boxed{\text{START VALVE OPEN}}$ 灯可判断）并严密监视 EGT 的变化。最后发动机自行加速并稳定在慢车状态，机组检查慢车状态发动机参数 N_1、N_2、EGT、燃油流量以及滑油压力是否正常。只有当发动机在慢车状态连续运行足够的时间（一般为 10 min 左右，高温、高原机场暖机时间应延长）后，才允许前推油门。

当在严寒地区第一次启动发动机时，需要对发动机进行加温，便于发动机启动和机件的润滑。如 CFM-56 发动机，当大气温度低于 – 40 ℃ 时，启动发动机前需要对发动机进行加温。

需要特别指出的是，以上介绍的发动机启动程序为冷发动机启动。对刚停车的发动机若需要再启动（热发动机启动），必须等发动机充分冷却后，才允许再次启动。否则，由于发动机内部未充分冷却，一方面燃烧室内容易形成过富油，引起发动机热启动，另一方面涡轮叶片、压气机叶片与机匣的间隙此时较小，再次启动时，叶片将刮伤机匣封严涂层，甚至导致叶片损坏，使发动机性能衰减速度加快，使用寿命缩短。所以，机组应严格遵守热发动机启动的冷却间隔时间。在炎热夏季飞行时，冷却时间将延长。

三、启动注意事项

1. 机组注意力的分配要适当

在上提发动机起动手柄以前，机组的注意力应集中在对起动机工作的监控和 N_1、N_2 的变化上；在上提起动手柄后，机组应重点监控发动机参数（FF、N_1、N_2、EGT），尤其是 EGT；在起动机脱开时，一方面注意监控起动机是否可靠脱开，另一方面由于起动机脱开后，EGT 温度将迅速升高并出现峰值，所以更要注意监控 EGT 的变化；当发动机进入慢车状态时，注意监控发动机滑油压力是否正常（应在黄区），慢车状态发动机参数是否稳定。

2. 上提起动手柄要适时

若上提起动手柄过早，由于 N_2 转速较低，空气流量较小而过早地向燃烧室喷油，容易造成混合气过富油，引起压气机喘振，进而造成发动机热启动；若上提起动手柄过晚，涡轮投入工作过晚，发动机剩余功率较小，使启动加速时间延长，同时也容易使起动机工作负荷过大，影响起动机的使用寿命。

飞行员操纵起动手柄时，动作要迅速，必须将手柄扳到"IDLE"卡位，确保发动机供油的可靠，防止启动失败。

3. 随时做好中止启动的准备

发动机启动时，由于可能出现的不正常情况较多，所以，机长的手不要离开起动手柄，要做好随时中止发动机启动的准备，以防止不正常启动情形出现时，贻误时机，使发动机的损坏加剧。

四、不正常启动情形

发动机常见的不正常启动情形有热启动、悬挂启动、湿启动等。

1．热启动

热启动是指启动过程中排气温度超过启动温度限制值的现象。引起发动机热启动的因素主要有燃烧室内残余的燃油过多；上提发动机起动手柄过早；上提起动手柄时燃油流量过高；发动机喘振；起动机功率不足等。

热启动将严重损坏发动机，大大缩短发动机的使用寿命。所以，在发动机启动时，机组需密切注视 EGT 的变化。一旦发现 EGT 和 FF 上升过快，发动机有超温的趋势时，必须及时中止启动。

2．悬挂启动

悬挂启动是指启动过程中发动机转速上升到低于慢车转速的某转速值时，转速不再上升或下降的现象。

引起发动机悬挂启动的因素主要有起动机脱开过早，发动机未加速到自维持转速；起动机功率不足；发动机喘振；启动过程供油量过低（剩余功率不足）或过高（过富油引起的喘振）等。

发动机出现悬挂启动时，由于加速滞缓，发动机启动时间增长；同时有的悬挂启动也往往伴随热启动（又叫热悬挂）一起发生。

3．湿启动

湿启动是指启动时混合气未着火的现象。主要表现在上提发动机起动手柄后，无 EGT 温度指示，发动机转速不能进一步上升。

引起发动机湿启动的原因主要有点火系统故障，点火器不工作或点火能量过低；混合气混合比不当（通常为过贫油）；气体初温、初压过低，混合气不能着火等。

除以上不正常启动外，还有起动机未及时脱开，发动机慢车状态滑油压力过低（红区），发动机失火等。当出现启动失败的情形时，机组应严格按《飞行手册》规定程序进行处置。

五、中止启动的方法

发动机启动过程中，一旦出现任何不正常启动或其他紧急情况，机组应立即中止启动，防止损坏发动机。

1．起动机脱开前的中止启动方法

首先将发动机起动手柄置"CUTOFF"位，切断发动机燃油和点火，使发动机停车，起动机带动发动机转子冷转 60 s，排出发动机内的余热和余油，再将发动机启动电门置"OFF"位，使起动机脱开。

2．起动机脱开后的中止启动方法

首先将发动机启动手柄置"CUTOFF"位，切断发动机燃油和点火，使发动机停车。

当发动机高压转子转速 N_2 降低到 20% 以下时（N_2 过高时，起动机轴易折断），再将发动机起动电门置"GRD"位，使发动机冷转 60 s，排出发动机内的余热和余油，最后将发动机起动电门置"OFF"位，使起动机脱开。

发动机中止启动后，必须在机务人员排除故障后，才允许再次启动发动机。

第三节　冷转和空中启动

除发动机地面启动外，在一定的情形下需要对发动机进行冷转和空中启动。

一、冷　转

冷转是指当发动机不点火时，起动机带动发动机转子转动的过程。目前，发动机冷转分为干冷转（燃烧室不供油）和湿冷转（燃烧室内供油）两种。

干冷转主要用于发动机中止启动时，排除发动机内的余热和燃烧室内残余的燃油，维护人员在进行发动机转子运转检查、滑油系统检查以及启动功能等检查时，也需要对发动机进行干冷转。

湿冷转仅用于发动机存放后，维护人员对发动机燃油系统启封。

对发动机进行冷转时，必须遵守起动机工作循环限制，防止起动机工作时间过长，引起起动机过热。

二、空中启动

空中启动是指飞行中，由于飞行员操纵不当或因恶劣气象条件等引起燃烧室熄火，造成发动机停车，在空中启动发动机。

实际飞行中，一台发动机熄火后，飞机将自动向失效发动机一侧倾斜，飞行员应及时保持好飞机的方向、姿态和高度，同时将工作发动机的油门设置到单发工作所需的推力状态，对失效发动机进行停车保护并向地面报告。

（一）发动机空中启动的条件

空中启动发动机时，必须满足的基本条件有：① 启动的发动机为无故障发动机；② 飞行高度和飞行速度需在空中启动飞行包线内；③ 飞机为平飞状态；④ 机组完成空中启动发动机前的准备工作（按《飞行手册》检查单要求）。

（二）发动机空中启动的特点

发动机空中启动与地面启动相比，主要有以下特点：

1. 启动剩余功率较大

发动机空中停车后，风扇和压气机相当于一台风车，由于飞机具有一定的飞行速度，相对气流将冲击风扇和压气机，发动机转子将自行转动，而且自转转速随飞机飞行速度的增加而增大。所以，空中启动发动机时，当自转转速大于发动机点火时的最小转速时，可不需要起动机辅助启动。

高涵道比涡扇发动机空中启动时，由于相对气流大部分冲击风扇后从外涵排除，冲击内涵压气机的气流较少，所以相对气流对低压转子 N_1 的初始加速作用影响大，对高压转子 N_2 的初始加速作用影响相对较小。

2. 混合气着火较为困难

与地面相比，空中飞行时，由于空气温度和压力降低，同时燃烧室内气流速度较大，这些都不利于混合气着火。

3. EGT 温度限制值较高

空中启动发动机时，由于不断有冷空气进入发动机，发动机的热端部件（尤其是涡轮叶片）冷却较好，所以涡轮叶片所能承受的温度可大大提高，空中启动时发动机 EGT 温度限制值较高，发动机启动超温的可能性降低。

4. 受到飞行高度和飞行速度的限制

当飞行高度增加时，由于不利于发动机着火，所以空中启动发动机时的飞行高度不宜太高，但也不能太低。否则，若发动机启动不成功，飞行员再次启动或采取紧急措施时可用高度不足，容易酿成事故。

当飞行速度减小时，一方面燃烧室内的气流速度减小，有利于混合气着火；但另一方面由于速度冲压作用的减弱使气体的初压减小，又不利于混合气着火；同时发动机启动时的剩余功率减小，也不利于发动机启动，飞行速度过低还容易造成飞机失速。

所以，空中启动发动机时，飞行高度和速度必须在许可的飞行包线（见图 6-10）内，具体的发动机空中启动飞行高度和速度应视当时的实际飞行状况和飞机性能确定。

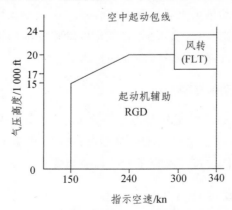

图 6-10　某型发动机的空中启动飞行包线

（三）发动机空中启动注意事项

发动机空中启动的准备、过程与地面启动类似，机组必须按《飞行手册》规定的程序进行，主要应注意以下事项：

1. 严禁启动有故障的发动机

机组应根据发动机失效前的征候，明确发动机空中停车的原因，判断发动机有无故障或是否损坏，必须确保空中启动的发动机为无故障的发动机。

2. 加强发动机的点火

由于空中启动发动机，混合气着火较为困难，所以应加强发动机的点火，以便于混合气着火。首先点火选择电门应设置在"BOTH"位，确保双点火器工作；点火器工作时间可延长（若起动机辅助启动，起动机脱开后，可将点火电门置"FLT"位），直到发动机启动成功并且工作稳定后为止。同时，在启动发动机前，飞机应处于平飞状态，前方空域尽量有助于发动机成功启动。

3. 注意监控发动机的状态

空中启动发动机时，机组一方面应始终保持好飞机的方向和姿态；同时应注意监控启动发动机的启动过程以及发动机启动后工作状态是否稳定。若启动不成功，则准备中止启动。当发动机工作稳定后，再将油门设置到新的发动机状态并向地面报告。

【本章小结】

发动机启动是指发动机从静止状态加速到慢车状态的过程。启动过程根据剩余功率的不同来源可分为起动机单独加速、起动机和涡轮共同加速以及涡轮单独加速 3 个阶段。启动加速的时间主要取决于剩余功率的大小。启动过程中，发动机在没有起动机辅助情况下能自行加速的最小转速叫自持转速。

目前常用的燃气涡轮发动机起动机类型有电动起动机、空气起动机、燃气涡轮起动机。大、重型民航机上最常见的是空气起动机。

发动机点火装置的作用是发动机启动时提供高能点火，使混合气着火；同时当飞行起飞、进近着陆、发动机防/除冰以及复杂气象条件下提供再点火，防止发动机燃烧室熄火。发动机点火器不能长时间连续工作。

发动机启动时，影响发动机着火的主要因素有：点火能量、混合气余气系数和初温、初压。

发动机地面启动时，机组注意力的分配要适当，随时做好中止启动的准备。

发动机常见的不正常启动情形有：热启动、悬挂启动和湿启动。飞行员应熟悉这些不正常启动的原因及处置方法。

发动机冷转是指发动机不点火时，起动机带动发动机转子转动的过程。分干冷转和湿冷转两种类型。发动机冷转时，必须遵守起动机工作循环限制。

发动机空中启动是指飞行中，由于飞行员操纵不当或因恶劣气象条件等引起的燃烧熄火，造成发动机停车时，在空中进行的发动机启动。

发动机空中启动时，必须满足的条件有：① 启动的发动机为无故障发动机；② 飞行高度和飞行速度需在空中启动飞行包线内；③ 飞机为平飞状态；④ 机组完成空中启动发动机前的准备工作。

发动机空中启动与地面启动相比，主要有以下特点：① 启动剩余功率较大；② 混合气着火较为困难；③ EGT 温度限制值较高；④ 要受到飞行高度和飞行速度的限制。

空中启动发动机时主要应注意：① 严禁启动有故障的发动机；② 加强发动机点火；③ 注意监控发动机的状态。

复习思考题

1. 什么叫自持转速？发动机启动时起动机退出工作过早、过晚对启动过程有何影响？

2. 起动机常见有哪几种类型？各有何特点？

3. 发动机点火装置的功用是什么？飞行使用中应注意哪些问题？

4. 试简述地面热发启动前，为什么必须充分冷却发动机？

5. 发动机地面启动应注意哪些问题？为什么？

6. 发动机常见的不正常启动情形有哪些？形成的原因是什么？

7. 什么是发动机冷转？何时使用干冷转？发动机冷转时应注意什么？

8. 空中启动发动机所必须满足的条件有哪些？

9. 与发动机地面启动相比，发动机空中启动有何特点？

10. 空中启动发动机的注意事项有哪些？

第七章　辅助动力装置

在中、大型飞机上，通常在飞机尾部装有一台小型燃气涡轮发动机，称为辅助动力装置（Auxiliary Power Unit，简称 APU）。辅助动力装置可为飞机气源系统提供增压空气和飞机交流电源系统提供备用电源。配置有 APU 的飞机可减少对地面设备的依赖，在空中特定情况下（如 ETOPS 运行中），APU 还可为飞机提供应急能量。

第一节　辅助动力装置

一、概　述

飞机辅助动力装置（APU）是装在飞机上的一套自成体系的小型动力装置，用于飞机在地面启动主发动机，向座舱空调系统供应压缩空气，以及向飞机电网提供电源动力。当飞机在飞行中遇到一定条件（如发动机停车）时，辅助动力装置可作为应急动力源，向飞机提供气源和电源。

目前，大多数辅助动力装置可同时输出机械功和压缩空气。APU 一般由小型燃气涡轮发动机、带减速器的功率输出轴、压缩空气输出口和自动控制装置组成。另外，为保证正常工作，APU 还设有独立的燃油系统、滑油系统、起动系统和冷却系统。

二、辅助动力装置组成

APU 是一自成系统的独立装置，安装在飞机尾部一非增压防火舱内，结构如图 7-1 所示。尾锥连到机身机构作为 APU 的支撑和整流罩。APU 和它的部件包容在几个舱里面，如设备舱、APU 舱和消音器舱。APU 设备像进气门动作器、灭火瓶、燃油供油管和引气导管在设备舱。APU 在 APU 舱，整个做成防火墙，防火墙阻止任何火焰传播到机身。APU 主要由一小型恒速燃气涡轮发动机、附件齿轮传动装置、交流发电机、引气系统、防火系统、控制与显示等部分组成。

大型飞机的辅助动力装置主要由燃气涡轮发动机及其所传动的空气压缩机和交流发电机所组成，其外形如图 7-2 所示。

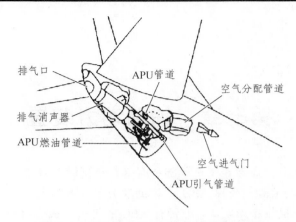

图 7-1　APU 在飞机上安装位置示意图

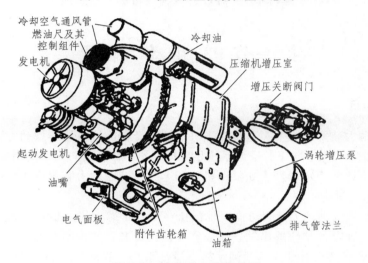

图 7-2　辅助动力装置外形

　　APU 进气门位于飞机尾部右侧。当 APU 工作时，APU 进气门自动开启，可为 APU 发动机供气和为 APU 附件系统提供冷却空气，APU 停车时，APU 进气门自动关闭。APU 排气经排气消音器从尾部排气口排出。

　　APU 发动机由压气机（通常为离心式压气机）、燃烧室、涡轮、进排气装置等部件组成，同时拥有自身独立燃油系统、滑油系统、起动系统、空气系统等。外界空气经压气机增压后，大部分的增压空气经 APU 引气活门进入飞机气源系统，少部分空气在燃烧室与燃油（通常来自飞机油箱）混合燃烧，高温高压燃气驱动涡轮旋转，涡轮转子所产生的功率，一方面用来带动压气机叶轮，一方面带动附件齿轮箱，通过附件齿轮箱带动交流发电机及发动机附件。APU 附件齿轮驱动的风扇为 APU 部件（交流发电机和 APU 滑油散热器）提供冷却和通风。

第二节　辅助动力装置的工作系统及使用

一、辅助动力装置系统构成

1. 进气系统

辅助动力装置压气机的空气由进气门进入。进气门由电气作动器控制其开与关，有的作动器还可手动控制。作动器电路与 APU 主控电门相连，以确保在启动和停车期间的正确操作程序。进气门的位置由位置电门监视。进气门要防止鸟和碎片进入 APU 并在飞行中减少气动阻力。APU 发电机、滑油冷却器等的冷却空气也由进气门进入，并沿着分开的通道流动。进气通道通常为扩张形状，引导空气到 APU，增加气流静压。通道里面进口导向叶片帮助改善空气流动。

2. 燃油系统

APU 燃油来自飞机油箱，由燃油控制组件调节。该组件负责启动、加速和稳态的燃油流量供给，并保证发动机稳定工作在要求的转速下。燃油系统相关部件有燃油箱中燃油增压泵、燃油关断活门、供油管路以及燃油加热器、燃油滤、燃油泵、调节器和用于燃油通/断的电磁活门。有的型号 APU 上有压力电门监视供油管路压力，如果压力太低会发出警告。控制 APU 燃油系统工作的有：APU 主电门、APU 灭火电门和 APU 地面停车电门。一些飞机上 APU 燃油增压泵在启动程序期间连续运转，当 APU 转速达到 95%时断开。现代飞机上 APU 燃油增压泵自动断开，由于泵仅在需要时运转，延长了 APU 增压泵寿命。

3. 空气系统

APU 空气系统分成冷却系统和引气系统。引气系统有 3 个主要任务：引气供应、防喘保护和负载压气机控制。APU 引气是当到达稳态工作点后，由驾驶员操纵，使气体经引气活门供到飞机气源系统。引气负荷过大时，引气活门会关闭一些，减少引气量，而不使涡轮超温。喘振保护可以防止 APU 压气机出现任何喘振情况。负载压气机的控制是控制进入负载压气机的空气量满足飞机气源系统引气要求，它也防喘。冷却系统用进气门来的空气冷却 APU、APU 舱以及滑油冷却器、交流发电机等部件。

APU 引气活门，也有称作引气隔离活门或负荷控制活门，通常是电磁线圈控制、气动操作的。打开 APU 引气活门需要两个条件：APU 引气电门在"ON"位，APU 启动程序必须完成即 APU 转速达到或高于 95%。APU 主电门置于"OFF"位，正常停车，APU 引气活门关闭，APU 控制组件时间延迟器起作用。该时间延迟确保 APU 在冷却期间无负荷运转。

APU 压气机也可能喘振，特别是当引气负荷改变时。防喘措施有两种。没有负载压气机的 APU 上使用防喘系统，当可能喘振时，防喘活门放掉空气。飞行期间防喘活门正常打开防止喘振，由于没有发生喘振时，空气也放掉，这种方法是耗费燃油的。有负载压气机的 APU 使用的防喘方法较好。喘振保护系统监视负载压气机出口管道的空气流量，如果压气机喘振，打开喘振控制活门。作为一般的规则，如果负载压气机后空气流量减少或停止，喘振控制活门打开。在一些APU上，空气流量信号送到作为喘振控制活门一部分的气动控制组件。APU控制组件也接受进气温度和进气压力，并使用这些信号进行喘振保护（因为负载压气机在高空、低密度空气条件下容易喘振）。

4. 冷却系统

APU冷却系统通过向APU、APU舱、滑油冷却器和交流发电机供应持续流动的冷却空气来实现。它有4个主要部件：冷却空气关断活门、冷却风扇、冷却空气分配管和机外排气。APU启动期间，当压气机给出足够的压力时，活门打开；APU停车时活门关闭。这对于APU着火时防止氧气进入APU舱是必要的。冷却风扇由附件齿轮箱机械传动，帮助进行冷却。

5. 滑油系统

APU内部的所有轴承及齿轮的润滑由自身的滑油系统完成。系统包括滑油箱、滑油滤、滑油泵（进油泵和回油泵）、滑油冷却器、磁屑探测器、滑油喷嘴和管路。由指示灯和仪表进行系统工作的监控。有的利用齿轮箱的较低部位储存滑油，在齿轮箱上有加油管、观察镜、压力加油接头和溢流接头。

现代APU有滑油冷却的交流发电机，这些发电机连接到滑油供油系统，具有独立的滑油回油系统。发电机滑油回油系统有回油泵，分开的滑油回油滤和回到齿轮箱的回油管。滑油温度传感器装在APU发电机上，监视发电机滑油温度并送信号给APU控制组件。如果发电机滑油温度太高，APU自动停车。

6. 起动系统和点火系统

APU启动必要的部件是：APU控制电门、APU控制组件、APU起动机、飞机电瓶、传递电瓶电源到APU启动马达的导线和APU启动继电器。起动机通常有电动起动机、启动-发电机、空气涡轮起动机。电动起动机可由飞机电瓶或地面直流电源供电，电动起动机带动发动机转子旋转。达到一定转速时，起动点火装置点燃燃烧室内的燃油混合气，使APU加速进入工作转速。在有的机型中，由独立的APU起动机电瓶供电。点火系统为高能点火，通过离心电门控制。有的APU上使用启动-发电机，在启动时作电动机用，正常工作时作为发电机。起动机的工作限制必须遵守的内容包括：起动机工作时间、起动机冷却时间和起动机循环次数，确保起动机不过应力和过热。

部分大型飞机的APU使用空气涡轮起动机，例如B777。在这种情况下，仍需要提供外部的压缩空气气源。

典型的APU点火系统主要部件是：APU控制组件、点火激励器、点火导线和电嘴。直流电供给点火激励器，激励器转换成高压供给电嘴。有些类型的APU上点火系统由APU转速信号接通，其他一些类型的APU上点火直接由启动命令接通。如果APU到达足够的转速，点火由转速电门或APU控制组件断开。

7. 防火系统

APU 防火系统通常使用一单环路的火警探测系统和一灭火瓶进行 APU 火警的探测和灭火。当探测环路探测到火警信号时，可提供火警警告。此时上提 APU 火警电门（为便于地面人员对 APU 及时灭火，通常在飞机主轮舱也设有 APU 灭火装置），将实施 APU 自动停车保护（关闭 APU 燃油关断活门、引气活门、进气门、断开 APU 发电机控制继电器等）和灭火预位（APU 灭火瓶电路预位、灭火电门开锁），转动灭火电门，将释放灭火瓶，对 APU 实施灭火。

8. 控制和显示

在驾驶舱中有 APU 的工作监控仪表，包括排气温度表、电流表以及各种指示灯，如指示滑油温度高、滑油压力低、超转停车灯以及滑油量不足的维护灯等，如图 7-3 所示。APU 还使用时间指示器（小时表），来记录已连续使用的小时数。

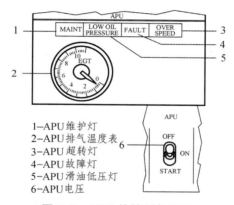

1—APU 维护灯
2—APU 排气温度表
3—APU 超转灯
4—APU 故障灯
5—APU 滑油低压灯
6—APU 电压

图 7-3　APU 的控制与显示

新型 APU 工作控制采用电子控制组件（ECU）或 FADEC，功能更加完善，可从控制显示组件（CDU）查找相关数据，保护措施更为充分。例如，电子的 APU 控制组件有 3 种分开的工作方式进行控制。启动方式控制从启动到 100%转速：正常转速方式控制是不管负荷如何变化保持在 100% 转速；停车方式控制是监视和控制 APU 停车。

二、辅助动力装置的使用注意事项

辅助动力装置可为飞机气源系统提供增压空气和飞机交流电源系统提供备用电源。飞行使用中，应严格遵守飞机《飞行手册》中关于 APU 使用的相关限制，确保 APU 安全稳定工作和使用寿命。

APU 启动后，为了确保 APU 发动机使用寿命，通常要求 APU 稳定工作 1～2 min(便于 APU 暖机)，才能接通 APU 引气电门，为飞机气源系统提供增压空气，为主发动机起动系统、飞机空调增压系统提供气源（通常在地面，APU 可为两组空调组件供气，在空中只能为一组空调组件供气）。

在民航大型飞机飞行使用中，如 B737NG，为确保 APU 发动机安全工作和使用寿命，要防止 APU 超载。在主发动机启动时，APU 将优先确保启动气源（必要时，一些电气载荷将自动卸载）；不在发动机启动阶段，APU 将优先确保电气负载（必要时，APU 将自动减少引气量）；当 APU 仅提供电气负载时，若电气负载过大，APU 将自动卸载（如厨房载荷）。

APU 停车前，通常要求 APU 不带引气负载工作 1～2 min（便于 APU 冷却），才能实施 APU 停车程序。

在 APU 稳定工作中，出现下列任一情形，APU 将自动停车：APU 滑油压力过低；APU 滑油温度过高；APU 排气温度超限；APU 超转；APU 出现火警警告。在地面工作时，将飞机电瓶电门置"OFF"位。

第三节　冲压空气涡轮

在一些大、重型民航飞机上装有冲压空气涡轮装置（Ram Air Turbine，简称 RAT）。RAT 是一种空气驱动涡轮，当飞机所有系统失效后，冲压空气涡轮装置可利用冲压气流向飞机提供应急液压源，用于飞机飞行控制系统等。RAT 通常被安装在机身的后下部，如图 7-4 所示，在飞行中可由人工控制其工作，如果飞机所有液压系统压力下降，RAT 将自动展开投入工作。地面传感器控制冲压空气涡轮禁止在地面工作。

RAT 还可以提供应急电源。当大部分常规发电系统故障或因某些原因不可应用时，冲压空气涡轮（RAT）就展开，由流经涡轮的空气流驱动一台容量有限的小型应急发电机，其容量一般足以给驾驶员的基本飞行仪表和其他少量的重要用电装置供电。

图 7-4　冲压空气涡轮

RAT 包括一气流驱动的可变距螺旋桨，通过自身的配重和弹簧控制螺旋桨桨叶角，从而保持其恒定的转速。当 RAT 开始工作的时候，桨叶在最小距，便于螺旋桨转速尽快增加到工作转速。当转速接近工作转速（4 000 r/min）时，桨叶桨距逐渐增大，防止超速。

螺旋桨输出轴直接驱动一液压泵。当冲压空气涡轮开始展开时，系统先自动卸载（液压油出油管通回油管路），便于液压油充填 RAT 液压泵容积室。当容积室充满后，连接到回油管路的端口关闭，液压泵产生的所有压力液压油被直接导入飞机主液压系统。

从 RAT 展开到液压建立大约需要 3 s。座舱中 RAT 控制与显示包括：RAT 人工操纵电门，RAT 展开信号灯（通常为琥珀色），RAT 压力升高信号灯（通常为绿色）。

【本章小结】

飞机辅助动力装置（APU）通常为一台小型燃气涡轮发动机，安装在飞机尾部，是自成一套体系的小型动力装置，用于飞机在地面启动主发动机，向座舱空调系统供应压缩空气，以及向飞机电网提供电源动力。当飞机在飞行中遇到一定条件（如发动机停车）时，辅助动力装置可作为应急动力源，向飞机提供气源和电源。目前，大多数辅助动力装置可同时输出机械功和压缩空气。

辅助动力装置发动机由压气机（通常为离心式压气机）、燃烧室、涡轮、进排气装置等部件组成，主要工作系统包括：进气系统、燃油系统、空气系统、冷却系统、滑油系统、起动和点火系统、防火系统、控制和显示系统等。

辅助动力装置的使用应严格遵守飞机《飞行手册》中关于 APU 使用的相关限制，确保 APU 安全稳定工作和使用寿命。

在 APU 稳定工作中，出现下列任一情形，APU 将自动停车：APU 滑油压力过低；APU 滑油温度过高；APU 排气温度超限；APU 超转；APU 出现火警警告。在地面工作时，将飞机电瓶电门置"OFF"位。

冲压空气涡轮装置（RAT）是一种空气驱动涡轮，它在出现应急情况时自动或人工伸出。RAT 可利用流经涡轮的冲压气向飞机提供应急液压源和提供应急电源。RAT 禁止在地面使用。

复习思考题

1. 辅助动力装置的结构特点有哪些？
2. 辅助动力装置通常在什么时间使用？使用时，可向飞机提供何种能量？
3. 辅助动力装置的工作系统包括哪些？
4. 简述辅助动力装置的使用注意事项。
5. 发动机地面启动应注意哪些问题？为什么？
6. 简述冲压空气涡轮的结构特点、使用时间及注意事项。

主 要 符 号

A	截面积	$n_{换}$（n_{cor}）	换算转速
a	音速	N	功率
c	流速	N_K（$N_压$）	压气机功率
c_5	喷气速度	N_T（$N_涡$）	涡轮功率
c_p	等压比热	$N_当$	当量功率
EPR	发动机压力比	N_1	低压转子转速
EPNL	有效感觉噪音声压级	N_2	高压转子转速
EGT	排气温度	p	静压，拉力
FF	燃油流量	PMC	推力管理控制
$H_低$	燃油低热值	p^*	总压
I	声强	q_1	加给 1 千克气体的热量
i	冲角、减速比	q_2	1 千克气体排入大气的热量
J	转动惯量	R	推力
k	绝热指数	R_u	涡轮叶轮圆周力
L_I	声强级	$R_反$	反推力
L_P	声压级	RPM	转/分
L_W	声功率级	SFC	燃油消耗率
L_K（$L_压$）	1 千克气体压气机功	SN	发烟指数
L_T（$L_涡$）	1 千克气体涡轮功	T	静温
L_U	1 千克气体轮缘功	T^*	总温
Ma	飞行马赫数	T_3^*	涡轮前温度
M	扭矩	T_{ref}	平台温度
$\dot{m}$	质量流量	u	叶轮圆周速
$\dot{m}_换$（$\dot{m}_{cor}$）	换算空气流量	$\eta_推进$	发动机推进效率
$v_飞$	飞行速度	$\eta_总$	发动机总效率
B	涵道比	η_P	螺旋桨效率

α	余气系数，迎角	η_{T}	涡轮效率
σ^{*}	总压恢复系数	η_{K}	压气机效率
ω	角速度	η_{m}	机械效率
MEC	主燃油控制	n	转速，级数
π^{*}	发动机总压比	ω	相对速度
$\pi^{*}_{\mathrm{冲}}$	进气道冲压比	ΔN	剩余功率
π^{*}_{K}	压气机增压比	Δe_{K}	1 千克气体动能增量
π^{*}_{T}	涡轮落压比	ΔE_{K}	气体总的动能增量
$\eta_{\mathrm{热}}$	发动机热效率	Δc_{u}（$\Delta \omega_{\mathrm{u}}$）	扭速
$\eta_{\mathrm{有效}}$	发动机有效效率		

中英文对照表

航空发动机	aero-engine	总压	total pressure
动力装置	power plant	音障	sonic barrier
喷气发动机	jet engine	热障	heat barrier
燃气涡轮发动机	gas turbine engine	临界状态	critical state
冲压式发动机	ramjet engine	收敛型管道	convergent duct
脉动式发动机	pulsejet engine	扩散型管道	divergent duct
火箭发动机	rocket engine	拉瓦尔管道	Laval duct
涡喷发动机	turbojet engine	航空煤油	aviation kerosene
涡扇发动机	turbofan engine	完全燃烧	perfect combustion
涡桨发动机	turboprop engine	不完全燃烧	imperfect combustion
涡轴发动机	turboshaft engine	余气系数	excess air coefficient
桨扇发动机	propfan engine	富油	rich
高涵道比涡扇发动机	high bypass ratio turbofan	贫油	lean（weak）
给合式发动机	composite engine	着火	inflammation
加力	thrust augmentation	熄火	flame out
复燃加力	reheat	点火	ignition
布来顿循环	Brayton cycle	火焰前峰	flame front
发动机可靠性	engine reliability	推力	thrust
发动机加速性	engine acceleration	有效推力	effective thrust
发动机寿命	engine life	反推力装置	thrust reverser
发动机维护	engine maintenance	进气道	inlet
发动机翻修	engine overhaul	整流罩	cowling
单元体	modul	整流锥	fairing cone
航班正点率	dispatch reliability	压气机	compressor
空中停车率	In-flight shutdown rate	离心式压气机	centrifugal compressor
提前换发率	unscheduled engine removal	轴流式压气机	axial flow compressor

中文	英文	中文	英文
热能	thermal energy	静子	stator
机械功	mechanical work	静子叶片	vane
流量	flow	转子	rotor
音速	velocity of sound	叶轮	impeller
激波	shock wave	转子叶片	blade
总温	total temperature	风扇叶片	fan blade
叶栅	cascade	导流环	entry guide vanes
发动机吊舱	nacelle	点火系统	ignition system
放气（引气）	air bleed	油门杆	throttle（power）lever
可调整静子叶片	variable stator vanes	变距杆	pitch lever
燃烧室	combustion chamber	启动手柄	start lever
喷油嘴	fuel-injection nozzle	防冰	anti-ice
火焰筒	liner	除冰	de-ice
旋流器	swirl vanes	喘振	surge
蒸发管	evaporation tube	喘振边界	surge line
传焰管	interconnector	换算转速	corrected engine speed
扩压管	diffuser	换算空气流量	corrected air-flow rate
主燃区	primary zone	流量系数	flow coefficient
掺混区	dilution zone	完全膨胀	complete expansion
涡轮	turbine	振动	vibration
蠕变	creep	超温	overtemperature
动力涡轮	power turbine	超转	overspeed
自由涡轮	free turbine	超压	overpressure
喷管	nozzle	发动机失效	engine failure
核心机	core engine	功率	power
燃气发生器	gas generator	马力	horse power
扭矩	torque	轴功率	shaft power
减速器	reduction gear	当量功率	equivalent power
起动机	starter	功	work
空气起动机	air turbine starter	顺桨	feather
电动起动机	electric starter	反桨	reverse
泵	pump	回桨	unfeather

油滤	filter	热启动	hot start
旁通活门	bypass valve	悬挂启动	hung start
润滑	lubrication	湿启动	wet start
离合器	clutch	空中启动	air start
燃油/滑油热交换器	fuel-oil heat exchanger	空中停车	in-flight shutdown
燃油流量表	fuel flow indicator	空中启动包线	relight envelope
燃油系统	fuel system	地面启动	ground start
燃油调节器	fuel control unit	干冷转	dry motor
滑油系统	oil system	湿冷转	wet motor
防冰系统	ice protection system	自持转速	sustain speed
灭火系统	fire protection system	热效率	thermal efficiency
起动系统	start system	推进效率	propulsive efficiency
热损失	heat loss	燃油流量	fuel flow（FF）
机械损失	mechanical loss	排气温度	exhaust gas
摩擦损失	friction loss		temperature（EGT）
激波损失	shock wave loss	主发动机控制	main engine control
分离损失	separation loss		（MEC）
流动损失	flow resistance	动力管理控制	power management
漏气损失	clearance loss（loss in leak）		control（PMC）
离速损失	leaving loss	全权数字发动	full authority digital
推力损失	thrust loss	机控制	electronic control
功率损失	power loss		（FADEC）
增压比	pressure ratio	电子控制装置	electronic control unit
落压比	expansion ratio		（ECU）
涵道比	bypass ratio	液压机械装置	hydromechanical unit
冲压比	ram pressure ratio		（HMU）
推重比	hrust to quality ratio	发动机显示和	engine indication and
功率质量比	power to quality ratio	机组警告系统	crew alert system
噪声	noise		（EICAS）
最大工作状态	maximum regime	自动油门系统	auto-throttle system
起飞工作状态	take-off regime		（ATS）
额定工作状态	rated regime	飞行管理	flight management

巡航工作状态	cruise regime	计算机	computer（FMC）
慢车状态	idle regime	辅助动力装置	Auxiliary power unit
过渡状态	transitional operation		（APU）
减推力（功率）起飞	reduce thrust take off	外来物击伤	foreign object damage
减功率起飞	derate take off		（FOD）
发动机压力比	engine pressure ratio	外界大气温度	outside air temperature
	（EPR）		（OAT）
燃油消耗率	specific fuel consumption	大气总温	total air temperature
	（SFC）		（TAT）
双发延程飞行	extended twin operations	无涵风扇	unducted fan（UDF）
空中停车率（IFSD）	in-flight shut down	超高涵道比	ultra high bypass ratio
假设温度	assume temperature	比涡扇	（UHB）
灵和温度	flexible temperature	发动机电子	electronic engine
飞机中央电子	electronic centralized	控制	Control（EEC）
监控系统	aircraft monitoring	涡轮间隙控制	turbine clearance control
	（ECAM）		（TCC）

常用燃气涡轮发动机参数

附表1　高涵道比涡扇发动机主要参数

发动机型号	起飞状态		巡航耗油率 /[(kg/(daN·h)]	风扇直径 /m	用　途
	推力/daN	总压比			
CMF56-3	8 900～10 460	22.6	0.667	1.524	B737-300/400/500
CMF56-5A1	11 100	26.5	0.596	1.734	A320
CMF56-5C2	13 900	31.5	0.545	1.836	A340
V2500-A1	11 100	29.4	0.581	1.6	A320
V2525-D5	11 100	24.9	0.574	1.6	MD-90-10/30
RB211-535E4	17 860～19 200	25.8	0.607	1.882	B757-200
PW2037	17 070	27.6	0.583	1.994	B757-200
RB211-524G	25 800	33	0.57	2.192	B747-400 B767-300
RB211-524H	27 600	34.5	0.57	2.192	B747-400 B767-300
PW4052	23 200	27.5		2.372	B767 A310-300
PW4168	30 300/32 000	33.9		2.54	A330
CF6-80C2-A1	26 300	30.4	0.576	2.362	A300-600
CF6-80C2-A5	27 900	31.5	0.578	2.362	A300-600
CF6-80C2-BIF	25 800	29.9		2.362	B747-400
CF6-80E1	30 000	32.7		2.348	A330
遄达 665	28 600	33.05	0.537	2.402	MD11
遄达 772	31 700	37.42	0.537	2.474	A330

附表 2   低涵道比涡扇发动机主要参数

主要参数和用途	F119 美国	EJ200 西欧四国	M88-2 法国	P200 前苏联
加力推力/daN	15 560	9 060	7 500	12 000
不加力推力/daN	9 790	6 000	5 000	8 010
加力耗油率/[kg/(daN·h)]	2.40	1.73	1.80	
不加力耗油率/[kg/(daN·h)]	0.62	0.79	0.89	
推重比/(daN/kg)	> 10	10	8.8	
总压比	26	26	25	
涡轮前温度/K	1 977	1 803	1 850	1 743 ~ 1 843
涵道比	0.20 ~ 0.30	0.4	0.5	
用　　途	F-22	EF2000	"阵风"	米格-2000

附表 3   涡桨发动机主要参数

国　别	型　号	起飞功率 /kW	起飞耗油率 /[kg/(kW·h)]	总压比	涡轮前温度 /°C	空气流量 /(kg/s)	装备飞机
加	PT6A-27	500	0.37	7	955	3	DHC-6
加	PT6A-65R	905	0.32	10		4.5	肖特 360
美	TPE331-10/11	736	0.362	10.8	1 005		C-212
英	达特 6MK510	1 145		5.5	850	9	"子爵号"800
英	达特 7MK532	1 495	0.413	5.6		10.66	F27、HS748
加	PW115	1 162	0.335	17	1 054	6.8	EMB-120
加	PW124	1 572	0.293		1 093	6.8	F50
美	CT7-7	1 133	0.294	17	1 200	4.5	CN-235
美	TPE33-14/15	809	0.309	11	1 005	5.17	柴恩 400

附表 4　涡轴发动机主要参数

国　别	型号	起飞功率/kW	起飞耗油率/[kg/(kW·h)]	总压比	涡轮前温度/°C	功率质量比/(kW/kg)	装备飞机
美	T58-GE-10	1 030	0.381	8.4	982	6.6	CH-46A、CH-113
法	阿都斯特 Ⅱ	295	0.570	3.8	850	2.07	"云雀" Ⅱ
英	宁巴斯	522	0.436	5.88	930	2.1	"黄蜂" HAS-1
美	T58-GE-16	1 395	0.326	8.4	1 073	6.95	CH-46E
法	阿斯泰阻	441	0.326	7.8	950	2.97	"云雀" Ⅱ
英	诺　姆	1 177	0.334	8.4	986	6.2	贝尔 230B
美	T700-GE-700	1 151	0.286	15	1 093	6.1	"黑鹰" UH-60、AH-64
法	阿赫耶 1A2	500	0.358	8	1 000	4.4	SA-365C2 "海豚"
法	马基拉	1 239	0.303	10.4	1 097	5.1	SA-321 "超黄蜂"
法	TM319	336	0.344	8.1	1 030	3.65	"松鼠"
英	"宝石"-41	736	0.298	12	989	5.4	"山猫"、WG30
法、英	RTM322-1	1 566	0.267	15	1 327	7.5	7～15 t 级直升机
美	T800	883	0.280	15		6.6	RAH-66
西欧	MTR390	956	0.273	13	1 150		PAH-2

常用英美制单位与国际标准单位的换算关系

1 ft = 0.304 8 m

1 m = 3.281 ft

1 mile = 1.609 km

1 n mile = 1.852 km

1 kn = 1 n mile/h = 1.852 km/h

1 lb = 0.454 kg

1 kg = 2.205 lb

1 gal(美) = 3.785 L = 3.785×10^{-3} m^3

1 qt = 1.136 5 L

1 inHg = 33.865 hPa

29.92 inHg = 760 mmHg = 14.7 lbf/in^2(psi) = 1 013.2 hPa

1 lbf · ft = 1.356 N · m

1 hp = 735 W

$F = 32 + \dfrac{9}{5}t$

$T = 273 + t$

参 考 文 献

[1]　尚义. 航空燃气涡轮发动机[M]. 北京：航空工业出版社，1995.

[2]　张逸民. 航空涡轮风扇发动机[M]. 北京：国防工业出版社，1985.

[3]　王道荫. 迈向21世纪的航空科学技术[M]. 北京：航空工业出版社，1994.

[4]　邹家骅. 中国大百科全书（航空、航天）. 北京：中国大百科全书出版社，1985.

[5]　Ralph D. Bent, James L. Mckinley. Aircraft powerplant 4.

[6]　彭泽琰. 航空燃气涡轮原理[M]. 北京：国防工业出版社，2000.

[7]　唐狄毅. 航空燃气涡轮原理[M]. 北京：国防工业出版社，1990.

[8]　普·惠公司（美）. 航空燃气涡轮发动机[M]. 周晓青等译. 北京：宇航出版社，1999.

[9]　PRATT & WHITNEY. The Gas Turbine Engine.

[10]　GE 发动机培训中心（中、美、法）编. CFM56-3 发动机航线维护教程（上、下册）[M]. 唐庆如译. 成都：成都科技大学出版社，1998.

[11]　GE 发动机培训中心（中、美）编. CF6-80C2 发动机系统[M]. 唐庆如译. 成都：成都科技大学出版社，1997.

[12]　宋兆泓. 航空发动机典型故障分析[M]. 北京：北京航空航天大学出版社，1993.

[13]　彭泽琰，刘刚. 航空燃气涡轮原理（上册）[M]. 北京：国防工业出版社，2000.

[14]　廉小纯，吴虎. 航空燃气涡轮原理（下册）[M]. 北京：国防工业出版社，2000.

[15]　ROLLS-ROYCE. The Jet Engine.

[16]　BOEING. B737 Operations Manual.